IoT・自動化で進む 農業技術イノベーション

(一財)社会開発研究センター 編

日刊工業新聞社

は じ め に

　日本社会の激変、ことに高齢化や人口減少を含む長年にわたる社会的、経済的停滞に歩を合わせるように日本の農業の衰退の危機が叫ばれて久しいが、日本の農産品は国際的な評価も高く、政府は農業を今後の成長産業の一つとして位置づけている。農林水産省だけでなく経済産業省、文部科学省も農業支援に乗り出している。日本の農業技術は世界のトップレベルにあるが、近年は異分野の企業の農業分野への進出も盛んであり、経験とコツに頼り作業がきついというこれまでの農業からの転換が図られている。

　（一財）社会開発センターは2011年に「図解　よくわかる農業技術イノベーション」を著し、植物工場や農業ICTを筆頭とする新しい技術を用いた新しい農業ビジネスの姿を紹介した。当時は「農業」と「イノベーション」という単語はスムーズに結びつかないなどと言われたが、現在では「農業」と「イノベーション」の組合せには違和感がなくなり、むしろしっくりくる言葉になってきた。本書は、前著発行後の進展も盛り込んだ内容とした。

　この6年で植物工場技術も進展したが、もっとも大きく進展したのが農業ICTである。パッケージ化、システム化が長足の進歩を遂げ、当時はまだ少なかった実例も大きく増えた。6年前にはほとんど見られなかったロボット関連技術による自動化も今では夢物語ではなくなり、実用化されている技術もあれば実用化手前のものもある。農業の大規模化や企業の農業参入についても2016年の農地法の改正により同様かそれ以上に進んできた。バイオマスのエネルギー利用、6次産業化についても同様である。

　本書が日本農業の真の産業化に向けてのお役に立てば幸いである。

2017年10月

（一財）社会開発研究センター　石原 隆司

目　　次

はじめに ……………………………………………………………………… i

《プロローグ》 日本農業がいま抱える問題 ……………………………… 1

第 **I** 章　実用化進む農業ICT

IoTと経営マインド ………………………………………………………… 6

農業現場のニーズとIoT企業の取り組み ……………………………… 8

農業生産管理SaaS生産マネジメント …………………………………… 13

農業ナレッジマネジメントとPDCA …………………………………… 18

人件費の「見える化」と原価管理 ……………………………………… 20

見回り支援と圃場管理 …………………………………………………… 22

圃場ネットワーク ………………………………………………………… 24

農業向けソフトウェア …………………………………………………… 29

日本型の施設園芸システム ……………………………………………… 32

畜産のIoT導入 …………………………………………………………… 35

農業ICTの導入事例 ……………………………………………………… 42

第 **II** 章　自動化農業への挑戦

工業技術から始まった自動化農業 ……………………………………… 48

GPS技術とドローン ··· 50

ロボット技術と自動化農機 ······································· 52

突破できる自動化の壁 ·· 54

第 IIII 章　LED化が進む植物工場

完全人工光型植物工場の課題 ···································· 58

蛍光灯栽培からLED栽培への移行 ······························ 62

LED植物工場システム ··· 70

植物工場生産に最適な栽培環境 ·································· 78

人工光型植物工場で作れる野菜 ·································· 82

LED植物工場で期待されるイチゴ栽培 ························· 87

開花制御が可能な超小型植物工場 ······························ 90

第 VI 章　バイオマスによるエネルギーの地産地消

再生可能エネルギーとして利用されるバイオマス ·············· 94

エネルギー源となるバイオマス資源のいろいろ ················ 96

バイオマスのエネルギー化技術 ·································· 98

メタン発酵技術 ·· 102

第 V 章　企業の農業参入と法規制

複雑な農業関連の法規制 ……………………………………………… 116

"農地" とは …………………………………………………………… 118

*9農業系法人と会社農業 ……………………………………………… 120

農地転用の留意点 ……………………………………………………… 122

農業用地にかかる税金 ………………………………………………… 126

施設農業と建築基準法 ………………………………………………… 131

大都市にはほとんどない農業で受けられる補助・助成 …………… 134

農業参入のための資金調達方法 ……………………………………… 138

第 VI 章　農産物の流通イノベーション

農産物流通の問題点 …………………………………………………… 142

重要性を増す農産物流通・加工企業 ………………………………… 144

農産物流通・取引新ビジネスの台頭 ………………………………… 146

地域産品の高コスト体質の問題 ……………………………………… 149

食農をめぐる様々なルール …………………………………………… 151

索　引 …………………………………………………………………… 153

執　筆　者

《プロローグ》日本農業がいま抱える問題
　　石原　隆司〔(一財) 社会開発研究センター〕

第Ⅰ章　実用化進む農業ICT
　　富士通㈱　イノベーティブ IoT 事業本部 Akisai 事業部

第Ⅱ章　自動化農業への挑戦
　　石原　隆司〔(一財) 社会開発研究センター〕

第Ⅲ章　LED 化が進む植物工場
　　森　康裕〔(一財) 社会開発研究センター〕

第Ⅳ章　バイオマスによるエネルギーの地産地消
　　芦田　章〔(一社) 文理シナジー学会〕
　　光山　昌浩〔㈱サステイナブルエネルギー開発〕

第Ⅴ章　企業の農業参入と法規制
　　石原　隆司〔(一財) 社会開発研究センター〕

第Ⅵ章　農産物の流通イノベーション
　　石原　隆司〔(一財) 社会開発研究センター〕

《プロローグ》
日本農業がいま抱える問題

▌"口"の減少

　日本の人口は恐ろしいペースで減っていく予測である。2014年の人口は1.27億人だったが、2040年には0.95億人になると予測される。つまり、絶対的な"口"の数が減っていくのだが、これより前から、日本の食糧全体の消費額がすでに減り始めていたのである。この間の物価自体の上昇は少しずつであったから、近年ほぼ単純に減少していると言っても大きな間違いではない。もちろん、これには経済停滞や高齢化も大きく影響していると思われる。

　農水省の調査によれば、1990年に約72兆円だった飲食量の最終消費額は順調に増え、1995年は約83兆円となった。この後、減り始め、2011年は約76兆円になってしまった（以下の統計数値はいずれも農水省調査による）。

　今後、奇跡の爆発的経済成長でも起きない限り、人口減少、高齢化に比例してもっと減少するであろう。

▌農業人口の縮小

　これも"今さら"の話になるが、日本の産業、中でも地方の"過疎・大人口減少社会"が中心ステージである農業は、酷な言い方をすると、日本全体の問題である「高齢化」「人口減少」、そこにも起因する「経済・社会停滞」の縮図のような存在で、非常に多くの問題を抱えている。「消滅集落」「限界集落」ではないが、農業自体がそんな状況にあるといっても過言ではない。

　日本の人口減少と歩を一にするように、農業人口も確実に減少している。工業化、そしてサービス化社会の進展によって減少してきた農業人口であるが、そうした社会の進展とはあまり関係なく、近年は一層減少している。2000年は約290万人、2011年は約260万人、そして、2016年にはついに200万人を割って約192万人となっている。

日本の高齢化と歩を一にするように、農業においても無論、高齢化は深刻な問題である。戸数は確実に減るとともに、65歳以上の就業者の比率が、2005年は58.2％であったのが2015年には63.5％と10年間でかなり増え、また、就農者の平均年齢は2005年の63.2歳から2015年にはついに65歳を超え66.4歳になってしまい、今も進行中である。

　確かに随一の高齢化産業であるといえる。「このままでは消滅」と言われるのも無理もないように思う。かように日本農業の諸環境は本当に厳しい。

「地方創生」と農業

　近年の報道や論調には、「でも、農業の企業化、大規模化が大きく図られ、農業こそにバラ色の未来がある」、「地方創生、活性化の切り札は農業だ」、「若者（のみならず各年齢層での）の地方移住、就農、I・Uターンのブーム」といった文言があふれている。だが、"バラ色"や「農業こそがこれからの国際競争力を持つ産業だ」などというのは、あまりに短絡的なこともあり、そうとは思えない。

　また、日本全体についても同様だろうが、10年、20年後の地方や日本農業の未来像を誰が確実に描けようか。高齢化や人口問題、産業構造、経済情勢、世界情勢などが複層的かつ複雑に日本農業に作用するのであり、そう単純な問題ではないはずだ。順調に推移することを祈るばかりである。

大規模化、企業化の進展

　その一方において、明るいこともある。

　絶対数はとても少ないのであるが、若手就農者（49歳以下の新規就農者数）には増加が見られる。2010年に約1.8万人だったのが2015年には2.3万人になった。それと関連があるかもしれないが、農業の大規模化、そしてそれとセットのような企業化が進み拡大していることは間違いない。それらは"救世主"にはなれなくとも、一定以上の効果があるはずだ。むしろ、地方創生や農

業の窮状打破への方策である。

　農業の経営体の数を見てみると、経営体数全体ではやはり漸減しているが、個人ではなく組織体農業としての法人経営（＝企業化）は2005〜2015年の10年間で約34％増加している。

　参入株式会社数でみる「企業の農業参入」も、2010年に235社だったものが2015年には1274社となり、ここ5年の比較的短い期間で大きく増加している。

　また、農業経営の観点で耕地面積を規模別に見てみると、同じ2005〜2015年の10年間の全国平均で、1ha未満の農業者の比率が17.4％から11.9％に大きく減少しているのに対し、5ha以上の農業者は43.3％から57.8％に、100ha以上の農業者では4.4％から8.2％にそれぞれ大きく増加している。1戸（1事業者）当たりの耕地面積も、2010年から2015年の全国平均で約2.2hから2.5haと、やや増えている。

　この数字からも、農業の大規模化、企業化は着実に進展している。以前はあまり見られなかったが、近年では本州でも100haを超える大型農業経営体も出現している。機械化に適した米作や、その他青果物との複合体の経営体が多い。もちろんここでは、IoT（モノのインターネット）が積極的に活用されていることが多い。そもそも、これがないと、それこそ幾百に及ぶ田畑の的確な管理はできないだろう。また、自動化も徐々にではあるが始まっている。

▍耕作放棄地の活用

　耕作放棄地の全耕作地に占める割合は、2015年の全国平均で約10％と言われているが、実際はもっと多いだろう。補助制度を筆頭とする国の農業行政が耕作放棄を一層推進しているように思えてならない。ここでもって、意外というかやはりというか、関東近県の大都市圏の耕作放棄地の比率は全国平均を大きく上回り、千葉県では約17％に及ぶと言う。

　だが、耕作放棄地の購入・借用は、なかなか骨の折れる仕事だと言われている。地方自治体などと連携しながらの厄介な"交渉事"なのだという。ただ、

3

耕作放棄地の購入、農地使用（放牧・採草地を含む）が推し進められれば、大規模化、企業化を前提とする日本の農業の進化に大きく貢献するのである。

皮肉にも、現在では大きく進んでいない耕作放棄地の活用が、企業化、大規模化、IoT導入を後押しし、日本農業への処方箋の一つになるかもしれないのである。

個人事業農業からの変革

農業はこれまで個人経営のイメージが強かった。戦後の農地改革の影響がいつまで、どれほどあったのかは定かではないが、大規模化や企業化に不可欠な農地の集約は日本ではなかなか進んでこなかった。しかし、ここへきて急激とまでは言えないが集約が進み始めており、その影響もあって農業の大規模化、企業化も若干ではあるが順調に推移している。

これらは日本の農業全体にとって大きな意味をもっている。大規模・企業農業といっても、単独事業体ということは少なく、契約農家制のような多くの比較的小規模な農家を包括する場合も多い。要するに、この動きはほぼ農業全体の近代化に資することであり、それがさらなる大規模化、企業化を促すというサイクルが形成されているのではないか。IoT導入、自動化の動きもこれを後押しし、このサイクルにしっかり連動する。

TPP（環太平洋経済連携協定）は一旦頓挫したが、二国間、多国間貿易交渉は避けられるはずがなく、貿易自由化の動きには逆らえない。関税率を筆頭に農業への影響が多大なことは言うまでもない。農業の高度化による質の向上、付加価値向上を常に目指さなければ輸出を促進しての国際競争に勝てない。またこれは、日本の縮小化への重要な対策である。これを牽引するのが「大規模化・企業化→IoT導入・自動化」の"連動サイクル"であり、これがまた輸出を後押しするだろう。

実用化進む農業ICT

IoTと経営マインド

　農業は、"経営"、"マネジメント"という概念からもっとも遠いところにある印象であったが、近年、IoT（モノのインターネット）と農業技術の融合により新たな農業技術イノベーションの誕生と**経営マインド**の醸成が目指されている。

　"経営マインド"とは、企業経営に置き換えれば「売上（収入）を伸ばすこと」「コスト（支出）を抑えること」が大原則である。しかし、多くの農業生産者では、これらに関して総収入・総支出程度は把握しているものの、実際の売上上昇とコスト削減上必要な管理、つまり圃場別・作物別・売先別に分けての管理まできちんとできていない（できている農家が非常に少数）のが実態である。農業における"経営マインド"がある環境とは、一つひとつの最小単位での経済合理性の追求を意味するのである。

　ICT（情報通信技術）として現在目指す農業のあるべき姿は二通りある。

　一つは「経済合理性に基づく産業として基盤を築くこと」である。例えば、第2次産業では当たり前の「**PDCA**（PLAN・DO・CHECK・ACT）」サイクルが農業では機能していないのである。なぜならば、自分たちの人件費を含むコストに関する情報をきちんと管理していないからである。この「PDCA」サイクルを円滑に回転させるお手伝いをICTが担える。このサイクルを回すことで、農業を「もうかる・安定的な」産業に変えて行きたいというのがICT推進者の目標である。

　もう一つは、「農業の匠の知の見える化・継承する仕組みの実現」である。農業従事者の平均年齢が約66歳といわれている我が国では、「農業の匠の知」が若年世代に継承されぬまま産業競争力を失っていく恐れがある。農業一筋何十年という匠の生産者が、気温や湿度などの外部環境条件、土壌や作物の様子から何を感知し、どのように判断し、アクションにつなげているかを"見える化"していきたい。そこから汎用的なパターンを抽出することができれば、新

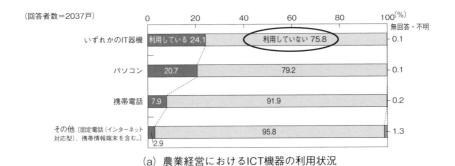

(a) 農業経営におけるICT機器の利用状況

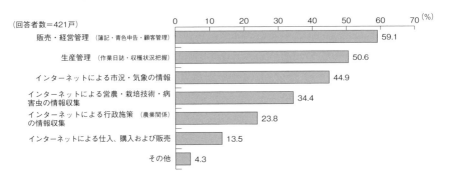

(b) 農業経営におけるパソコンの利用目的

図Ⅰ-1　農業ではICTはまだまだ活用されていない

規就農者や農業学校などでの有効活用も可能になり、日本全体の農業技術のベースアップになる可能性もある。これを「ナレッジマネジメント（知識管理）」の仕組みを用いて実現し、今まで知の交流が行われていなかった生産者同士・産業間連携を実現していきたいと考えている。

　農業経営におけるICT機器の利用状況は著しく低く、ほぼ4分の3が使っていない状況であり、ここ数年でも劇的変化はない。つまり、他の産業ではシステム化やソリューションの適用がこれほど進んでいる時代になっても、農業は従来の仕事のやり方を変えて来なかった産業であるといえる。

農業現場のニーズとIoT企業の取り組み

● 農業現場の課題

　農業は、製造業やサービス業などから見ると、事業、経営として大きく遅れているといわれる。確かにその通りで、農業現場では以下のようなことが日々語られている。

　① いくらで売るべきか、いくらで作るべきかがわからない。

　② あいまいな記憶が頼り。

　③ 経営に必要な数字が見えない。

　④ いくらの原価なのかわからない。

　⑤ どの作物でもうかっているのか不明。

　つまり、生産および労働などのコスト、売れ筋を含めた作物別の売上げ、生産管理など、運営・経営に必要なデータ類がおろそかにされがちなのである。

● IoTで支援できそうな領域

　上記のような課題は、経営改善の意識を含めて「**見える化**」が進めば遺憾のように大きく改善できる、と考えるのがIoT農業の基本といえる。

　粗くでも原価が見えた

　→予算という考えが生まれる

　→計画と実績の進捗を追える

　→チームプレイが重要になる

　→PDCAサイクルが実践できる組織

　こういった概念から富士通は2008年から農業ICTに取り組み、2012年に体系化されたシステムとして食・農クラウド「**Akisai**（秋彩）」が提供されるようになった。

表 I-1 　農業分野におけるICTの役割

データに基づく経営への転換
■ 生産を中心とした事業基盤の確立 ■ 事業規模拡大の加速 ● 生産プロセスの最適化と能動的に考える人材の育成 ● 規模拡大を支えるマネジメント（経営・管理・作業）

栽培／生産技術の高度化
■ IoTによるデータ蓄積・活用 ■ 生育計測技術・環境制御技術・自動化技術の導入 ■ 先端テクノロジー（AI・ビッグデータなど）の活用

フードチェーンでのビジネスモデル確立
■ 品種開発～生産～加工・販売のベストプラクティスをつなぎ、マーケットインによるビジネスモデルへ

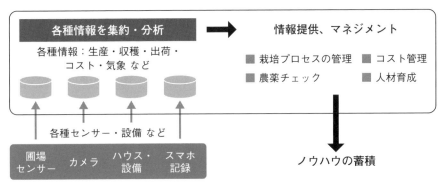

図 I-2　農業ICTのイメージ

● 食・農クラウドの仕組み

　今日、「**クラウド・コンピューティング**：Cloud（雲）Computing（インターネットをベースとしたネットワーク・コンピューティング）」という大きなICTの潮流がある。富士通は**食・農クラウド**というコンセプトに基づき農業分野とICTの融合について取り組んできた。富士通は生産履歴や帳簿管理などのバックオフィス系のソリューションについて20年以上、生産者のニーズに

対応してきた実績があり、それらも踏まえ、以下の5点を農業クラウドにおける重要な要件とした。

① 生産者のニーズに答えたコンテンツ品揃え
② 徹底した入力項目の削減と入力の簡略化
② サポート体制の充実
③ 適切な価格設定
④ ネットワーク・インフラの整備

また、バックオフィス系のICT適用にとどまらず、農業現場へのICT化の裾野拡大を目指すべく、ICTに精通したシステムエンジニアを農業現場に派遣し、一定期間農作業に集中させることで、そこから農業現場の課題を認識、さらにICTに関する知識を元にその課題解決方法を考えるという試行錯誤のプロセスを回し続けた。

その中でとくに重要な「**気付き**」として得たものは、以下の4点である。

① 後継者不足、人手不足：圃場の拡大にマンパワーがついていけていないところが出ている。

② 農作業における原価管理が困難：人件費を含む圃場ごとの原価把握の仕組みがない。

③ ベテランの暗黙知：環境条件→判断→作業の判断とその根拠が匠の頭の中で行われているため、経験ベースでの技術継承しかできない構造になっている。土作りなども同様。

④ ICTシステム導入の壁：土まみれになる農作業中にケータイやPCなどの操作は困難。フィールドサーバなどの有効活用も難しい。

実際の農業現場で農作業を経験し農作業者と会話を積み重ねることで見えてきた課題をICTで解決するため以下のコンセプトを構築した。

（1）持っている技術
① ネットワーク
② センサー
③ ナレッジマネジメントシステム
⑤ クラウド・コンピューティング

第Ⅰ章 ▶ 実用化進む農業ICT

これらを用い農業生産者にとって以下のメリットを創出できるよう検討した。

(2) 農地

・農地の見回り支援の仕組みを構築し、効率的な作業計画や移動ロスの極小化を実現する。

・圃場の輪作障害を回避すべく、作付け履歴を元に作付け計画を支援する仕組みを実現する。

(3) 担い手

・ベテランの知恵や成功例を抽出・蓄積してノウハウ化。

・GPSロガーを用いて1日の作業動線を見える化する。圃場ごとの稼働工数が明確になり、人件費の詳細把握を可能にする。

(4) ICTコスト

・クラウド・コンピューティングを用いることで、ICTの「所有」ではなく「利用」を可能にする。

・画面インターフェイスなどにも工夫を凝らし、入力作業の簡略化と現場での活用を可能にする。

これら現場の課題は、農業生産者の畑で共に農作業に従事し、人間関係を構築してコミュニケーションを重ねて初めて認識できるものである。

現在、農業の根本的な課題解決実現のため、進むべき大きな方向性として二つの方向性が挙げられている。一つは「法人化による大規模農業経営化」、もう一つは「6次産業化による加工・販売プロセスの統合」である。現時点でICTが着目している農業生産者の課題は、前者の大規模農業経営化へのシフトの中で起こるものが多いため、ここでは論点をそちらに絞る。

日本の農業・農地の特徴として、農地を各生産者がバラバラに保有している、またバラバラに存在している現状がある。また、離農による耕作放棄も圃場単位でバラバラに発生しているため、生産委託なども含め半径3kmの範囲に約300の管理対象の圃場をもつ農業生産法人もあり、飛び地でバラバラなため見回りや管理だけでも大変な工数を要する現状となっている。

従来の家族農業からこのような企業農業へのシフトが進む中で、ICTの貢献

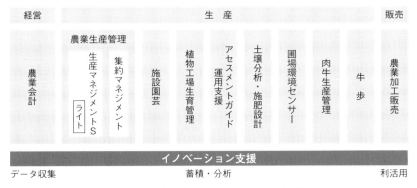

図Ⅰ-3 食・農クラウドAkisaiの体系

領域は様々な部分で出てきている。加えて、企業的経営を行うことにより必然的に"経営マインド"が醸成され、「ムリ・ムラ・ムダ」の解消が必要となってくる。

農業経営におけるICT活用を通して推進する**見える化**は3つある。

① 生産の見える化：圃場状況、匠の知、作業動線の見える化により原価管理・効率化が可能。

② 経営の見える化：生産計画と収量実績との関連付け、損益管理が圃場ごとに可能。

③ 顧客の見える化：営農計画と販売実績との関連付け、損益管理が顧客ごとに可能。

これらの見える化により「ムリ・ムラ・ムダ」を解消、農業の競争力強化、生産者の所得向上につながる。そして、これら一連のシステムは21012年に富士通から「Akisai」として商品化された。

農業生産管理SaaS生産マネジメント

● IoT農業の進歩は事務所から圃場へ

　IoT農業の端緒として富士通においては、JA向けの基幹システムを1970年から、その延長としての農家向け農業情報システムを1989年から取り組んでいる。つまり、圃場などの現場ではなく事務所部門から入っていったのである。そして、長い年月をかけて近年急速に進歩させている。

　2000年代後半から、カメラやセンサー技術を中心として、圃場の現場にもIoTが大きく入り込んでいる。そして今日では、それらが統合化されているのである。今後の進歩は想像しにくいかもしれない。

　SaaSとは"Software as a Service"の略である。従来のコンピューティングの世界では、多くの機能が全て包括されて提供される方式が主流であった。しかし、このSaaSではインターネット経由で「必要な機能を必要な分だけ」提供することが可能になり、農業に適するようになった。

● 農作業管理システム

　圃場に設置された圃場センサーは、フィールドサーバを軸として、日射量センサー、カメラ、気象計、温度センサー、土壌水分センサー、土壌温度センサーなどを接続して外部環境条件のデータ化を行う。

　また、農作業者はGPS内蔵のスマートフォンを所持し、カメラやWEBアクセスなどをしながらシステムと連携して作業を実施したり、気付いた情報をアップする。また、GPS機能内蔵スマホを持ってもらうことで行動センシングも可能になる。

　これらのインプット情報をデータセンタまでネットワークで吸い上げ、そこで必要な処理・加工を行った上で、再度ネットワーク経由で表示や利用を行う。

　「農の匠の知」を見える化し技術継承を図っていく取組みの中で実現してい

図Ⅰ-4　温湿度センサー

図Ⅰ-5　土壌センサー

図Ⅰ-6　日射センサー

第Ⅰ章 ▶ 実用化進む農業ICT

きたいのが、人材育成手法の変革である。従来の農業は、「勘・経験・度胸」で判断がなされ、匠の暗黙知で作業が行われるため、若年作業者は「背中を見ながら」「体で覚える」丁稚奉公の手法で育成されてきた。しかし、これは一見、旧き良き日本のようなイメージに見えるが、実際は間違いも多かったり、育成に長い年月を要するなどデメリットも多い。産業化を目指す農業法人では、「背中を見て育つ」ではなく、「皆で共に育つ」、"知識を共有"することをベースにした人材育成手法が求められて行くようになると考えている。

その際に有用なICTの利用方法が、スマホを用いた「気付き情報の共有」だ。農作業を行っている中で、害虫や病害、霜の発生、作物の育成状態など、様々な変化に気付いた時に、それをタイムリーにスマホのカメラで撮影し、クラウド上にアップロードを行う。GPS機能内蔵スマホであれば、写真を撮影した圃場の位置情報も自動的に付加されるので、1日の農作業終了後のミーティングの際に、画像を皆で共有しながら先輩から後輩への気付き指導が得られるようになる。新人作業者には判断がつかない事象についても、先人からの指導が入るプロセスを組むことで瞬時にして知の継承ができるようになるのである。

もう一つ、生産技術向上効果を目指して導入されているのが、**作業実績管理**と**農薬データベース**である。過去の作業実績を圃場ごとに確認できるため、次にどんな作業をすべきかの判断の手助けになったり、リコメント機能を装備している。また、携帯電話経由での情報確認ができるため、圃場での作業実施中にも確認ができ、その都度、事務所に戻る手間が省けるという効率化も実現できる。農薬データベースでは、過去にどのような種類の農薬をどれくらいの量散布したかという情報を入力しておくことで、間違って同じ農薬を散布するヒューマン・エラーをなくしたり、次の適切な散布時期を判断したりというサポートが可能になっている。

◉ 総合管理による農業経営

ここ数年の農業ICTの進歩はめざましいが、もっとも大きなことは3つある。

図Ⅰ-7 作物の生育状況の把握

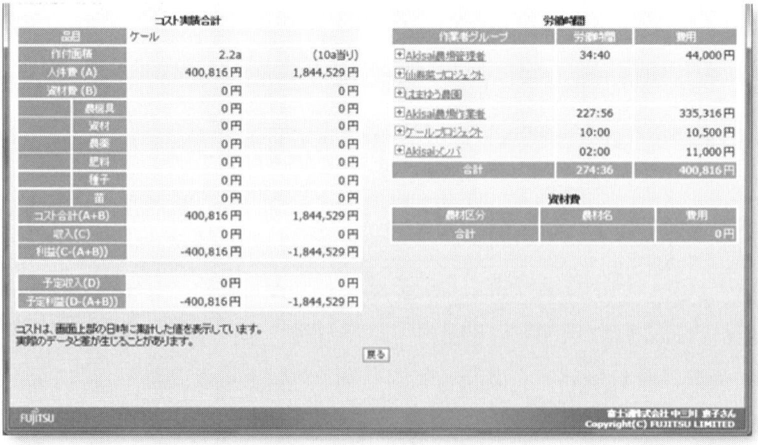

図Ⅰ-8 コスト集計

(1) 生産マネジメントの確立

　農業生産管理SaaSによって、農業の生産現場（圃場）、生産管理（生産計画～実績集計、振り返りなど）から経営の管理・分析に至るまでのデータ活用を含む全ての農業経営がIoTによってほぼシステム化された。

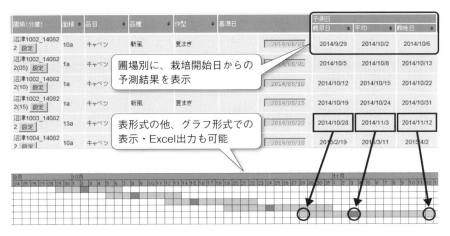

図Ⅰ-9　収穫適期の予測

(2) 作業記録や生育状況、収穫時期の掌握

"総合管理"の中でとりわけ大きく進んだのは、圃場における生育状況の把握から発する「灌水（水やり）」と生育予測、特にもっとも重要な収穫適期（収穫時期）の的確な予測であり、それを早期に対策立てすることである。

農作業の記録や作物の生産履歴、生育状況などの各データや、気象庁アメダスのデータによる積算降雨量、積算温度（単位時間、日当たりの気温の積み上げ）などから、タイミングを図った灌水の実施管理、収穫時期の的確な予測・管理を行い、効率の良い農業を実現する。これによって、作業者の手当（人件費）の把握や、それに基づいての原価管理、販売やマーケティングへのフィードバックをしている。

(3) スマホなどによる簡易な管理

これらの情報をスマホなどを使って簡易に管理できるようになり、かかる費用も安価で済むようになった。費用の点からしても、事務部門に限定されていた昔日のシステムとは雲泥の差があるのである。

農業ナレッジマネジメントとPDCA

　農業ナレッジマネジメントシステムは、温度・湿度・土壌水分・風向き・風速などのセンサー結果や、カメラでの気付き画像、生産計画などのインプット（入力）項目を各々のデータベースに分けて蓄積・管理する。そして、それを農作業者の見たい形（グラフ、表）や使いたい場面（事務所、圃場）に合わせて加工し、提供する。さらに、各入力項目の相関分析や、作業のモデル化、異常値の検出など、分析結果をアウトプット（出力）することも可能である。

　これらのサイクルを通じて農業生産者のノウハウの全体像を蓄積し、農業ナレッジデータベースを構築して、新規就農者の支援や、農業学校などへのデータ提供などを行って行くことで、さらなる有効活用を企図している。

　農業生産者に“経営マインド”を持ってもらうための一つのわかりやすいイメージはPDCAサイクルを回すことである。そのためのICT利活用の余地は様々にある。

　以下にプロセスごとのイメージを述べる。

　① Plan（計画）：営農計画の立案（作付け、栽培、資材、人員、出荷）、期間は年単位／日単位

　② Do（実行）：作業日誌の作成（作業内容、実績）、各種情報提供（農機具の稼働、農薬の散布、肥料の投与、病害虫の発生、など）

　③ Check（確認）：見回り結果、圃場の状態（センサー、カメラ）

　④ Act（行動）：計画変更（作業内容の変更、作業計画の変更）

　これらのサイクルを、経営規模や作物の種別によらず定常的に回し続けていくことが“経営マインド”を醸成するということである。これらの農作業の仕事のプロセス（オペレーション）を裏で支えるのがICT基盤となる。

　各圃場に設置した各種センサー、カメラ、GPS機能内蔵スマホをインプットとして、それを富士通のクラウドの中核であるデータセンタに伝送し、農業向けに特化したソフトウェア（アプリケーション）を通して農業経営者・農作業

第Ⅰ章 ▶ 実用化進む農業ICT

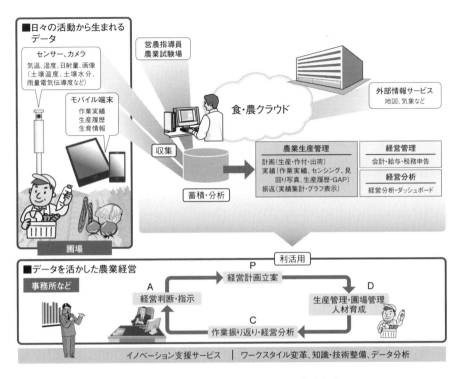

図Ⅰ-10 データを活用した企業的農業経営

従事者に適宜利用してもらう。また、予算と実績の履歴や、センサーデータと作業日誌の内容などの関連付けを蓄積していくことで、農業ナレッジマネジメントデータベースが形成される。これは、日々新しい情報項目が入力され新しい利用結果が入力されていくので、日々成長し続けるシステムになる。

人件費の「見える化」と原価管理

● 圃場での行動管理と原価

　農業ナレッジマネジメントシステムで新しく開発されたのが「行動センシング」機能であるが、現在では人のマネジメントに主眼が置かれている。

　農業におけるコスト構造の最大の項目は「人件費」であり、ここを詳細に把握することが経営の肝である。従来、ともすれば家族農業の場合、自分たちの人件費はカウントせずに生産物を市場に出すことも珍しくなく、法人農業化・大規模化していく上で、この人件費の部分をドンブリ勘定ではなく正確に把握することは農業経営者にとって必須のニーズであった。

　このシステムでは、農業現場向けに特製の端末を試作し、GPS 機能や通信機能などを搭載し、圃場現場における農作業者の動線管理を可能としている。各圃場で誰が何時間稼働したかが正確に"見える化"されることにより、システム開発におけるエンジニアの工数管理と同じ原価管理手法が可能となる。このことにより、圃場で最終的に収穫できた「ゴボウ1本を育成するのにかかった人件費がいくらか」を明確にすることが可能になったのである。

　さらに、これらの情報を毎日データベースに入力していくことにより、日によって複数の作業者が1つの圃場に関わった場合でも稼働工数を人件費別に積算することが可能になり、正しい人件費が圃場ごとに把握できるようになった。

　このような取組みを通じ「原価の見える化」が進むことで、「いくら以上で売らなければならないのか」、もしくは逆に「この圃場の作物は○○なので、想定売価からすると、どれくらいの工数を発生させてよいのか」という"経営マインド"醸成の材料となることが期待される。

● その他の原価のフィードバック

　飲食業における原価は主に食材原価を意味するが、広義の原価は、当然のこ

第Ⅰ章 ▶ 実用化進む農業ICT

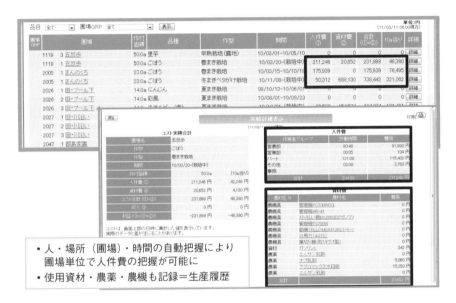

図Ⅰ-11　GPS解析結果—圃場単位のコスト把握

とながら人件費を筆頭に賃料やエネルギー、諸雑費などの各費用を包括したものである。

　農業における「原価」は、特に人件費の考え方だが、圃場での行動のみならず、選果作業、出荷、場合によっては包装など多方面に及ぶ場合が多い。また、商品の観点からしても、とりわけ企業化された農業においては作物品種が非常な多種に及び、また価格体系も複雑な場合が多い。こうしたトータルな意味での人件費、その他の「原価」に関しても、一連のICTの仕組みの中に当然のことながら取り込まれており、"農業ビジネス化"の大きな一助になっている。

　作物の生産管理だけではない経営・運営面へのフィードバックこそが、正に真骨頂なのである。

21

見回り支援と圃場管理

　日本の農業には二つの側面があると言われている。一つは産業としての側面、もう一つは、先祖代々受け継がれている土地の保護という側面である。

　戦後の農地改革により日本の農家は土地を持てるようになった。それまでの地主と小作人という搾取・被搾取構造から脱却できたのである。しかし一方で、土地を非常に細かく分割してしまったために日本の農業生産者は零細が多く、産業としての競争力を失ってしまった。また、この農地利用に関する種々の縛りが現存するため、各農業生産者の諸事情によりバラバラに離農や耕作放棄が行われている。

　耕作放棄地面積は1990年以降急速に増大を続け、1995年の24.4万ha（面積率〇〇％）から2015年には42.3万ha（57.6％増）までに増加している。耕作放棄地をそのまま放置してしまうと農地は荒地化し、耕作地としての再利用が困難になるため、土地貸しや生産委託によって現役の農業生産者の土地利用促進が一般的ではある。しかし、バラバラの状態で離農も発生するため、委託を受ける農業生産者側も、広い範囲に飛び地で散らばる圃場を管理しなければならないという新たな問題に苛まれることになる。

　そこで、新たに必要とされるのが**見回り支援システム**と**圃場管理システム**、さらに後述する**圃場ネットワーク**である。

　見回り支援システムは、各作業者が圃場での作業中に気付いたことを携帯電話のカメラ機能を用いて撮影、気付いた内容を簡易なテキスト文で付加し、サーバ側へアップロードしておく、というものである。

　この機能を使うことで、その都度気付いた情報をタイムリーにセンター側へ蓄積することが可能になる。また、蓄積された情報は、農作業終了後に「振り返りミーティング」を行うことで、そこでの気付き情報の共有が可能となる。新人作業者にはちょっとした異変にしか見えなくても、ベテラン作業者から見れば様々な示唆を含む現象であることも少なくない。このような画像を共有し

第Ⅰ章 ▶ 実用化進む農業ICT

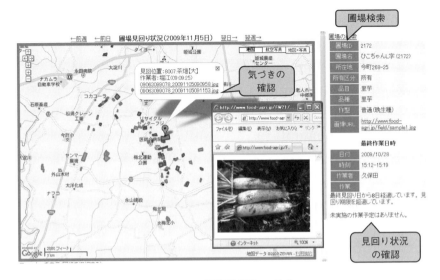

図Ⅰ-12　圃場管理システム

た上でのコミュニケーションにより自分が行っていない圃場の情報も共有することができ、いちいち全ての圃場を見回る必要を省くことが可能となる。

　圃場管理システムは、Google Mapなどの地図ソフトを用い、GPS機能内蔵スマホを所持して、全ての圃場の測地を行った結果を地図ソフト上にプロット（記入）していくものである。

　圃場は何百あろうとも一つひとつに管理番号を付与し、圃場名・住所・所有区分・作付品種などを入力しておく。また、作業実績などと連携することにより「見回り履歴管理」もできるようになっており、基準となる見回り期間を設定しておけば、それを超えて見回りをしていない圃場をアラーム対象にすることが可能である。このアラームにより、意識的に、しばらく行っていない圃場の優先順位を上げることができ、忘却放置を防ぐ効果が期待される。

圃場ネットワーク

● 圃場でのネットワーク要件

　日本の農業は、施設園芸に比べ屋外の農業形態が圧倒的多数で、小規模、"飛び地" と、ICT導入の障害が多い。農作業の見える化を進めるためには、従来はベテランの経験知によって行われてきた農作業上の判断を非熟練者にも判断できる状態にする必要がある。

　収穫時期の判断の場合、例えば積算温度が重要な作物の場合であっても、実際の収穫の判断は経験知を元にしており、積算温度の測定をしているわけではない。経験知を表現する手段として、まずは温度や湿度などの環境の状態を測定していくことが最初の手順となる。このような農作業に利用されるセンサーは、気象情報、土壌情報に大別される。気象情報としては、風向風速・日照・温湿度・降雨・気圧などがあり、土壌情報としては、土壌水分・土壌塩分などがある。また、カメラによる映像、静止画も利用できる。

　また、法人化された農家の増加に伴い農地集約が進んだ結果、広域に点在する圃場を有する形態が増えている。これらの情報をセンサーで採取することになるが、センサーにはネットワーク機能はない。そのため、センサーの取得したデータを保持するデータロガーと、そのデータを送信するためのネットワーク機能が必要となる。

　ネットワーク環境に視点を移すと、2000年に開始された e-Japan 構想により2005年には高速回線（DSL/FTTH）が8,220万世帯で常時接続可能な状態となり、利用金についても当時で約1/3まで下がっていた。この e-Japan構想の後を受け、2006年より u-Japan構想によるさらなる取組みが進んでいる。u-Japanの基本コンセプトは、「いつでも、どこでも、何でも、誰でも」ネットワークにつながることを一つの理念としており、IPv6やICタグなどの活用により様々な分野への活用が検討されている。

　農業分野でのICT化については、1996年には農林水産省の農林水産技術会

第Ⅰ章 ▶ 実用化進む農業ICT

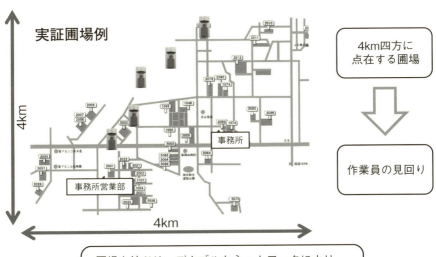

図Ⅰ-13 圃場ネットワークの必要性

表Ⅰ-2 圃場センサーの概要

	用途	リアルタイム性	必要データ量通信速度	下りデータ
圃場監視カメラ（動画）	鳥獣害監視	10fps	600kbps	カメラ制御（パン/チルト/ズーム）
圃場監視カメラ（静止画）	圃場全体の観察	数分	100kbyte/分 13kbps	カメラ制御（パン/チルト/ズーム）
作物観察カメラ	作物の詳細観察	数分	100kbyte/分 13kbps	不要/撮影
気象センサー	圃場の気象	数分	100byte/分	不要
土壌センサー	圃場の土壌	1時間	100byte/時	不要
GPS端末	作業員の位置	1時間	100byte/分	音声メモ
携帯電話/PC	電話	秒以下	1Mbps	音声/メール

25

議事務局の委託事業「農林水産業における高度情報システムの開発に関する調査」が行われており、農業分野におけるICTの利用に向けた要素技術についての調査がなされている。農業従事者用の観点では、データを受ける立場としてのブロードバンド回線（CATV、光など）と、センサーデータを送る無線（携帯電話、PHS）などが検討された。

2005年の総務省東北総合通信局「電波利用による高度農業支援システムに関する調査研究会」報告書では、山形県の果樹農家を対象とした、より具体的な実証がなされている。ここでは、農業支援システムの要件として以下に示す6項目が挙げられている。これらの要件は、果樹園のみならず、次の通り圃場でのネットワーク要件となる。

① 圃場・施設を効率的に監視できるシステム

② いつでも、どこでも監視・制御できるシステム

③ サクランボ圃場の設置環境を考慮したシステム

④ 操作の容易なシステム

⑤ 盗難防止以外に求める利用システム

⑥ 構築経費が廉価であるシステム

農業従事者は集約化・法人化の流れの中で、点在した圃場を監視する必要がある。そのため、点在する圃場を効率的に監視するために①が求められる。この際、農業従事者は自宅が圃場から離れているケースも多く、また必ずしも単一の圃場にいるわけではない。そのため、②のいつでもどこでも監視できる要素が求められる。

③については、地形や環境に留意したネットワークが必要であることと同義と考え、作物や圃場の形態に合わせた調整が必要であるとともに、商用電源の利用が難しい場所であることも考慮する必要がある。

④は、これらを使用する高齢化した農業従事者が、必ずしもパソコンの利用経験のない場合も考えられる。そのため、簡易なユーザーインターフェイスである必要がある。

⑤は高単価である果樹が対象となっているための盗難防止であるが、獣害対策への応用も期待されており、これは圃場でも同様である。

第Ⅰ章 ▶ 実用化進む農業ICT

　最後の⑥は最重要点であり、点在する圃場を対象にするということは、圃場数に応じた数が必要になってくることであり、その導入コストはリーズナブルであることが必須となる。

● リーズナブルなネットワークの要件

　点在する圃場をカバーするネットワークとして、機能的にはスマートフォンが第一の候補となる。しかし、センサーから送信されるデータ量は、通話に使用するデータ量に対して非常に少なく、点在する圃場ごとに契約するコストには見合わないため、リーズナブルにはならない。ネットワークの観点で「リーズナブルとは何か」を考えた場合、以下の4項目を低コストで実現できることと考えられる。

　① 屋外で使用できること

　屋外で使用するには温度差や湿気対策を意識した筐体設計などが必要であり、地域の地形や気候の影響も受けることになる。場合によっては、動物の糞や昆虫の侵入なども注意する。

　② 低速低容量・遅延可な通信品質

　センサーから収集されるデータは、総量はサンプリング間隔に依存するものの、1回当たりのデータは数bitのテキストデータである。また、リアルタイムで必要なデータは少なく、ある程度の蓄積後の送信であっても効果は期待できる。画像の場合でも、QVGA程度で十分な場合もあり、必ずしも高速回線である必要はない。

　③ 常時接続が不要で、間欠動作を基本とする通信

　②のデータを扱うために常時接続は必須ではなく、特定の時間に必要な間だけの送信が実現できるネットワークが求められる。また、複数の圃場が接続されることを考慮した間欠動作となる必要がある。

　④ 小電力

　圃場では商用電源がない可能性が高く、電池駆動などが前提となるため、小電力は必須である。通信機能は比較的消費電力が大きいため、技術的な工夫だけでなく運用面の工夫も含めて低消費電力化を進める必要がある。

27

表Ⅰ-3　通信の種類と特徴

	距離	通信速度	時期	メリット	デメリット
有線	—	100Mbps	可	高速	設置費用
Bluetooth	100m	1Mbps	可	携帯準標準	距離小
WiFi	500m	50Mbps	可	比較的距離大	電力大
ZigBee	70m、1km	250kbps	可	電力小	速度小、距離小
特小無線	300m〜1km	10kbps	可	比較的距離大	速度小、標準無し、国ごとに異なる
3G	数km	下7.2M（384kbps）上5.7M（384kbps）	可	高速	国ごとに異なる
WiMAX	1〜3km	下40Mbps、上10M	90%@2012年	高速	使用地区限られる
LTE	数km?	下326M、上86M	2012〜	高速	使えるのは未だ先
デジタルMCA	20〜40km	32kbps	可	距離大 同報機能あり	速度小 送信電力大

　個別の問題を解決することは可能であるが、その結果は高価なものではなく、トータルとして低コストでなければならない。これらを実現するための利用可能な無線技術を**表Ⅰ-3**に挙げる。リーズナブルなネットワークの実現のために、これらのネットワーク技術を用いて圃場ネットワークを設置する場合、十分な検討と実証がなされる必要がある。

農業向けソフトウェア

● 経営管理ソフト

図Ⅰ-14は経営管理SaaS（Software as a Service）と呼ばれるもので、JA経由で各生産者にソフトウェアのサービスを提供する。農業経営に必須の事務処理である会計・家畜台帳管理・給与管理・税務申告全般の仕組みを提供する。これは、「あんしん」「ぜんぶ」「かんたん」「くわしい」「どこでも」「らくらく」といった特徴を兼ね備えている。利用者層は、集落法人、JA出資農業法人、農業法人、畜産法人、酪農法人、稲作・耕種農家、畜産農家、酪農家を想定している。

● 生産履歴管理/GAP運用支援システム

GAPとは「Good Agricultural Practice：農業生産工程管理手法」である。

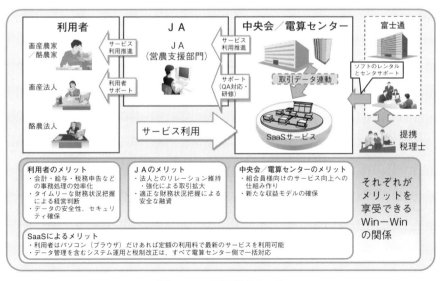

図Ⅰ-14　経営管理SaaS

農業生産者自らが生産工程全体を見渡して、① 注意すべき項目を定め（Plan）、② これに沿って農作業を実施・記録し（Do）、③ 記録を検証し（Check）、④ 次の生産に向けて作業の改善に結びつけていく（Action）手法である。農薬の残留、病原微生物や重金属などの付着・混入など、消費者の安全・安心を脅かす危害が発生しないよう生産物をチェック・管理できるだけでなく、環境保全や経営改善にも有効な手法であることから、2010年に閣議決定した「食料・農業・農村基本計画」において、2015年度までにGAP導入産地を3,000産地にすることが政策目標に掲げられた。また、国内には様々なGAPが存在し、ニーズを踏まえた取組みへの対応も十分に進んでいない状況にあるため、その共通基盤構築を進めるが、GAP導入産地を1,600産地にすることが政策目標とされた。

　日本GAP協会では「**JGAP**」という認証基準を設けている。本システムは、生産者の農作業の生産履歴を管理すると共に、GAP項目との整合性を診断・判定し、合否結果を表示することが可能になる。これにより、作付け計画や生育状況についても、生産者からJAにクラウド環境を経由して情報共有するこ

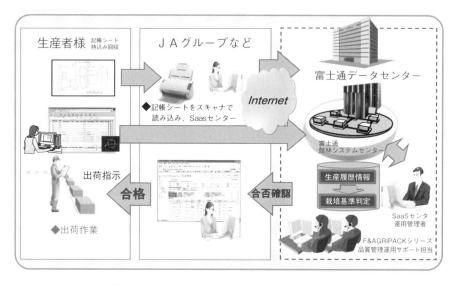

図Ⅰ-15　生産履歴管理/GAP運用支援システム

とで、営農指導、生産最適化が行える。

土壌分析・診断システム

　自分の土地の土壌状態を調査したいと考える生産者から分析依頼を受け付け、GPSによる地点ログの獲得と土壌の採取を行い分析をかけて、施肥設計までを行うこともできる。分析項目としては、多量要素として硝酸態窒素やリン酸、カリウム、マグネシウムなど、微量要素としてマンガン、亜鉛、ホウ素など、塩基バランスとして石灰/苦土比や、苦土/カリ比、その他項目として、pH（土壌酸度）、EC（電気伝導度）、腐食、リン酸吸収係数、CEC（塩基置換容量）などを分析結果としてアウトプットすることが可能である。

　さらに、より良い土壌にするためにどのような肥料あるいは土壌改良剤を投与すればよいかの処方箋を提供し、より良い土づくりを通しての生産価値の向上を提案する。さらに、JAなど農業関連団体・企業と連携し、処方箋記載内容のプロフェッショナルによる確認、施肥指導、肥料販売なども連携して行う。これらもまた、ICTにより一元化するのである。

図Ⅰ-16　土壌分析・診断システム

日本型の施設園芸システム

　IoT農業は、広義の施設農業への導入が先駆的であった。先進的施設園芸においては、欧州、特にオランダが圧倒的な先進性を保持している。国土の狭いオランダ（ほぼ九州と同面積）は、世界第2位の農業輸出国であり、税制優遇やインフラ整備などの政府の支援に関しても、その仕組みは日本よりはるかに合理的で公平であり、この面でも大きなアドバンテージをもっている。

　オランダは、ご承知のように国土が平坦で土地の集約もしやすく、そして進んでいる。また、北海道を除く日本と異なり気候は冷涼である。そのため、非常に大きな太陽光利用型の施設農業が従来から盛んであり、トマト、パプリカなどの野菜から花卉類まで、ガラス温室とそれに付随する選別、加工、出荷・物流、制御などの機能を備えた10haを超える巨大園芸施設が多くある。他産業（例えば加工、流通）との連携が大きく取られていることとも相まって、コンピューターによる統合環境制御システムが約95％の施設に導入されてい

図Ⅰ-17　Akisai農場の内部

第Ⅰ章 ▶ 実用化進む農業ICT

る。そして、これ自体が有力輸出品となっている。日本でも、トマトの栽培事業者やスプラウツ類で有名な「村上農園」など、輸入・導入事例はいくつもある。

こうしたオランダの事情に比較すると、日本はほぼ逆であると言っていい。気候の差異や平坦性に乏しい土地の形状はさておくとしても、1戸当たりの土地の狭小性と非規格・統一性などからオランダの仕組みは導入しにくいので、日本独自のシステムが求められている。日本では、小規模な自律分散型複合環境制御システムであること、設置利便性、コスト、メンテナンス性能に優れること、などがまずもって求められる。小規模なこともあって、自宅や旅行先の

【制御機器】
・天窓（自動開閉）、側窓（自動開閉）、換気扇（1台）、循環扇（2台）
・カーテン〔一層（保温/遮光兼用）〕、ヒートポンプ、噴霧装置（ミスト）

【水耕システム】
・ナッパーランド

【環境制御関連】
・施設園芸SaaS/環境制御BOX/クラウド通信BOX
・屋内センサー〔温湿度センサー（2台）、CO_2センサー（2台）、日照センサー（2台）、土壌温度/ECセンサー（2台）〕
・外気象センサー〔温湿度センサー（1台）、日照センサー（1台）、風向/風速センサー（1台）、感雨センサー（1台）〕

【その他】
・Webカメラ（3台）

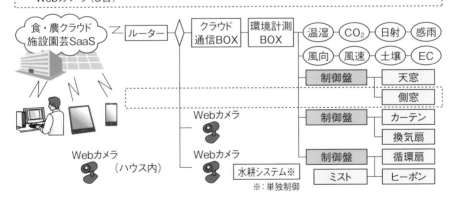

図Ⅰ-18　Akisai農場ハウスの設備構成

33

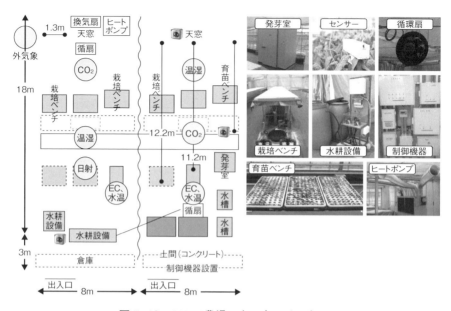

図Ⅰ-19　Akisai農場ハウス内レイアウト

ような遠隔地でも付随施設でもコントロールでき、施設内のセンシング、モニタリングや制御、その他の蓄積、分析などをクラウド上で行い、それを施設にフィードバックして灌水・温度調整などの設備・機器の制御・調整を行うものである。

　富士通は、静岡県沼津市にICT農業研究施設「Akisai農場」を2013年から開設、運営している。ここでは、プロ農業者との協力もしながら、より現実に見合った栽培技術の確立も目指している。施設園芸SaaSと施設園芸環境制御BOXが整備され、様々な施設内コントロールを行っている。それらが運営管理・経営面と連動するような仕組みにおける一体化を目指している。

畜産のIoT導入

　日本において牛は戦後期までは農地耕作などの兼用役用牛としての役割を兼ね重宝されてきたが、耕運機の普及など農業の機械化の動きの中で食用としての肉の生産へとその役割を大きく変えてきた。以降、輸入飼料の後押しもあり生産が拡大、肉牛生産の技術が発展してきた。しかし、1991年の牛肉輸入自由化の後、2000年の口蹄疫、2001年のBSE（牛海綿状脳症）の相次ぐ日本での発症など、荒波の連続であった。このような中で、肉牛生産のさらなる効率化と安全性の確保を目的として、牛の個体管理、生産管理の重要性が高まっている。

● 個体管理

　2001年に発生したBSEで、市場に広く出回った肉の産地や流通ルートを特定できなかったことが事故の拡大を招いたと認識されている。そのため、個体識別、個体追跡管理（トレーサビリティ）の仕組み導入が急務となり、2003年より牛の個体識別のための情報の管理および伝達に関する特別措置法（通

個体識別データ

（公表事項）
(1) 個体識別番号
(2) 出生または輸入の年月日
(3) 雌雄の別
(4) 母牛の個体識別番号
(5) 飼養施設の所在地（都道府県名）
(6) 飼養施設における飼養の開始及び終了の年月日
(7) 屠殺、死亡または輸出の年月日
(8) 牛の種別
(9) 輸入された牛について、輸入先の国名
(10) 屠畜場の名称およびその所在地
(11) 輸出された牛について、輸出先の国名

図I-20　個体識別データ

称：牛トレーサビリティ法）が施行された。現在、個体識別情報を1頭1頭個別に管理する仕組みが適用されている。

● 生産管理

　たとえば、家畜の血統や受精・分娩サイクルを管理しデータを可視化することで、分娩間隔の短縮を図ることが可能になる。また、個体に与えた飼料の量やその内容を管理することで肥育期間の短縮や飼料購入コストの削減を図ることができる。

　その他、各個体の疾病履歴や治療履歴、肥育環境の温度や天候データ、牧草地のデータなども統合的に「見える化」し、それらのデータと市場での評価などのデータも合わせることで、統合的な畜産ナレッジを形成することが可能となる。このような畜産統合ナレッジを形成する上で、個体情報の「見える化」とその情報の管理は重要性を増している。

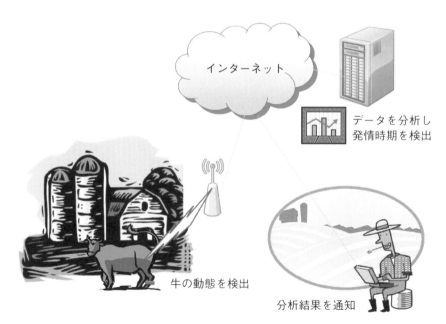

図Ⅰ-21　生産管理

第Ⅰ章 ▶ 実用化進む農業ICT

　畜産経営の課題として、経営効率の向上と過重労働の削減、事故リスクの低減が求められている。そのためには、確実な繁殖管理、分娩時間の短縮、品質を確保した上での肥育期間の短縮、飼料の削減、自動化や組織化による作業効率の向上とそれに伴う労働負担の低減、分娩や出荷時などに多発する事故リスクの低減を実現することが重要である。

　このような改善対策を子牛の出産→子牛育成→肥育→屠畜の畜産ワークフローに最適な形で適用させることが重要である。これらの分野に様々なICTが導入されている。特に畜産ワークフローのスタートである子牛の出産フェーズは、発情や分娩といった生態動向を的確に捉えることが非常に重要である。

　通常、繁殖牛は約9カ月の妊娠期間で出産を行い、その後、発情するまで一定期間を要する。安定的な子牛生産を実現するために、体温測定、行動観察などの研究が行われている。子牛を生産する上で、雌牛の発情を検出し、最適なタイミングで種付けを行うことが非常に重要である。

　雌牛の発情期の検出については様々な研究がなされている。たとえば、体温などバイタルデータに基づいたセンシング方法が報告されている。牛のバイタルデータのセンシングでは、どこの部位のバイタルデータをセンシングするか、そのデータをどのような形で抽出するかが重要である。たとえば、発情期特有の行動をセンシングする方法などが報告され、それらの報告に基づいたセンシングソリューションが考案されている。

　繁殖牛の発情期を的確に管理するための研究はいろいろな研究機関などで行われているが、そのうち行動観察による管理方法がある。行動観察内容は、乗駕行動の観察または歩数の管理が中心である。

　乗駕行動については、従来から利用されている判断基準であり、ICTの支援としてはカメラによる遠隔監視が主流となるが、赤外線センサーと組み合わせることで乗駕を判断する研究も行われている。

　また、歩数の監視については、繁殖牛の歩数変化に着目する管理方法がある。歩数については、繁殖牛の足に万歩計をつけ、その計数値を無線でサーバに送信し分析、発情の可能性を通知する「牛歩（発情発見）ソリューション」が販売されている。これにより、繁殖牛の授精適期を見逃さずに種付け作業を

37

可能にし、結果としての受胎率の大幅な向上が期待されている。この管理方法を健康管理まで適用することも検討されている。ただ、これはあまり複雑ではないので、ある程度の周期の把握で解決できなくもない。

● 分娩管理

家畜共済統計表（農林水産省経営局　2015年）によれば、2011年度の保険金支払い対象となった肉牛用の胎児・子牛の死亡数は33万頭以上にのぼり、経済的にも大きな痛手となっている。そのため、分娩の予兆を検出し無事に分娩が完了することを確認することが重要性を増している。この分娩時期の判断支援のために、体温管理および行動監視でのICT利用がなされている。

体温の測定では、分娩予定の繁殖牛の産道内の温度を常時モニタし、その温度の変化から出産時期の予測を行うソリューションが提供されている。専用の無線通信用半導体を適用したもので、牛舎内の管理機器にデータを集約し、利

図Ⅰ-22　分娩管理

用者は温度状態などをウェブ経由で閲覧可能となっている。また、産道に温度センサーを装備した測定機器が挿入されているため、出産時には子牛とともに産道から飛び出し、温度が外気温まで一気に下がることで、出産したことも通知することが可能となる。この温度センサーを常時装着することで牛の体温変化をモニタすることが可能となり、牛の健康管理のための運用としても活用できる。

　また、行動監視の観点では、分娩予定の繁殖牛に加速度センサーなどを搭載した機器を専用ベルトなどで装着し、繁殖牛の旋回行動から出産の予測を行う方法もある。これは、授精成功の後、分娩予定1週間前に繁殖牛に装着し、1時間単位での分娩兆候の発見と、スマホなど端末への即時連絡を行うシステムである。

　また、分娩後の発情兆候の発見と即時連絡も可能であり、これを利用することで空胎期間の短縮を図り、1年1産を実現する取組みが推進されている。牛舎内に設置する遠隔監視用のカメラと組み合わせて使用することで、出産の状態も遠隔で監視可能となる。このカメラはスマホなどの端末を経由して牛舎に設置したカメラで撮影可能な動画像を自宅・事務所で見ることが可能になる。チルト（カメラを上下に振ること）、パン（カメラを左右に振ること）、ズームなどの遠隔でのカメラ操作も可能なので、見たい角度で見たい動画像を確認することができる。この装置に付随してマイクとスピーカー機能および照明操作も遠隔制御する。

　このように温度センサーや加速度センサーなどの各種センサー、ウェブカメラやネットワーク技術を畜産の現場にうまく適応させることで牛や牛舎への適用が可能となっている。これらのセンシング技術によって分娩管理の技術やノウハウがデータとして可視化できるようになってきた。

◉ 放牧管理

　畜産管理システム上で様々なデータを取り扱う上で、遠隔での管理が可能になるようなネットワークシステムの必要性が増している。ネットワークシステムは、畜産現場で取得されたデータを遠隔まで伝送することで畜産経営の遠隔

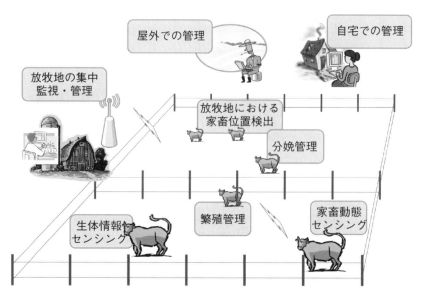

図Ⅰ-23　放牧のICTイメージ

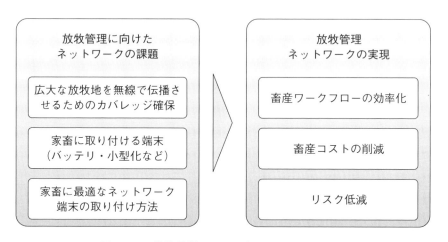

図Ⅰ-24　放牧現場におけるネットワークの課題

管理を実現することができる。また、このようなネットワーク技術を放牧に適用することで、牛舎内で行われていた畜産管理を放牧地にまで適用することもできる。これにより周年放牧の実現と畜産経営の省力化が期待できる。

放牧牛に向けた遠隔管理システムの研究は以前から研究結果が報告されている〔放牧に関するバイオテレメトリーシステムの開発に関する研究：農林水産技術会議事務局（1992）〕。本報告書ですでに、放牧地における無線ネットワークシステムの研究結果がある。この中で、放牧地に適した無線ネットワークに必要であり今後も検討するべき問題として、広大な放牧地を無線で伝播させるためのカバレッジ確保の問題、家畜に取り付ける端末におけるバッテリーなどの問題、家畜に最適なネットワーク端末の取付け方法の問題の三つを挙げている。これらの課題の効果的解決、最適ネットワーク技術の適用も実施段階意といえる。

畜産現場に適したネットワーク技術として、ケーブル敷設などが必要なく、初期投資が安価である無線技術は重要な選択肢として長らく考えられている。一定の範囲をカバーする無線技術が進出しており、これらの技術を放牧地に適用することも可能である。

● ベンチャーの躍進

この分野にも多数のベンチャー企業が出現している。畜産を総合的な畜産と捉えると、乳生産の酪農も包括することになる。そうすると、産業規模としても非常に大きく、企業の活路も広いわけである。主に肉用牛における繁殖効率上昇、乳用牛の搾乳量増加を志向し、血統などの固体情報も含めての個体別管理をスマートフォン中心の簡易な設備と低廉な費用で行い、それをパッケージ化したことを売りにする企業も出現してきている。

畜産ICTに関しても簡易化、低価格化はより進展する。そうすると、今までこうした業務の中核として機能していた獣医の業務にも影響を及ぼすに違いない。

農業ICTの導入事例

　富士通において1970年から取り組み2008年から大きく開き始めたIoT農業は、農業現場からの採用も含めて体系化されて商品となったここ数年、全国の比較的大規模な農業事業者における導入が急速に増えている。これらは、先にも述べたトータルなシステムの中での事例がほとんどなのである。

◉ 日本酒用米栽培への導入

　もっともよく知られているのは、日本酒「獺祭」を製造する山口県の旭酒造だろう。白米の90％を磨き落とした酒米から作られる「獺祭」は、杜氏の技術に依らず醸造工程ごとの温湿度などの各データを徹底管理し、蓄積データの活用によって醸される。旭酒造が今取り組んでいるのが、米栽培へのIoT導入である。

表Ⅰ-4　その他のAkisai導入事例

生産者	生産物	導入効果
シセイ・アグリ㈱ （大分県）	白ネギ、白菜、キャベツ	・コスト把握による価格交渉力向上（売上高約1.3倍、肥料代約30％削減） ・作業状況の「見える化」による技術向上
㈱早和果樹園 （和歌山県）	柑橘類および加工品	・適期作業により高糖度ブランドみかんの比率を3年間で3倍化をめざす ・コスト把握による予算立案の実現
㈱イグナルファーム （宮城県）	キュウリ、トマト、イチゴ、ネギ	・クラウドで時間・場所を選ばず作業効率化を実現 ・環境の「見える化」で積極的な環境制御を実現
㈲井寄牧場 （兵庫県）	肉用牛（黒毛和牛）	・固体ごと管理作業の効率化、事務処理の省力化 ・コストの「見える化」
㈲新福青果 （宮崎県）	露地野菜	・収穫時期予測・生産計画策定によりキャベツ収量・売上を前年比30％アップ
㈲フクハラファーム （滋賀県）	米、麦、大豆など	・田植え作業の工程別分析から課題を抽出・改善し、総作業時間を30％効率化
イオンアグリ創造㈱ （千葉県）	露地・施設野菜	・全国21農場の直営農場・契約生産者との経営・生産・品質の「見える化」による集約マネジメントを目指す

第Ⅰ章 ▶ 実用化進む農業ICT

　もともと日本酒の業界では、暴言を恐れずに言ってしまえば"訳のわからない米"、すなわち自分の酒蔵所在地以外の米、ひいては本当に産地のわからない米で醸造する日本酒が少なからず存在した。旭酒造はそれに挑戦し、酒造好適米として高い評価を受けている山田錦を原料にして「獺祭」の高品質を目指したが、そこに立ちはだかったのが山田錦の不足という事態であった。ここでもやはり、農業共通の問題である就業者不足が大きな原因である。

　そこで、すでに栽培を行っている優良生産者が栽培などで蓄積したデータを蓄積して共通化し、栽培ノウハウとして活用した。また、これもIoTを活用して「栽培ネットワーク」を形成し、データの共有はもちろんのこと、栽培農家の経営安定化を図るとともに供給を安定させたのである。

　この「獺祭」の例でも明らかだが、日本酒醸造というのは広い意味での6次産業化と思われ、また古い6次産業であろう。こうした"農業"と"製造"の統合する場面において、もっとも有効なのが農業ICTなのである。

● ワイン用ブドウ栽培への導入

　温暖湿潤な日本の風土に根差した米の栽培に比べ、主に夏期昼間高温・夜間低温、低湿度といった特徴をもつ地中海性気候に適したブドウの栽培は、日本では非常に困難である。ましてや、かなりのデリカシーが要求されるワイン用ブドウの栽培においてはなおのことである。ワイン作りでは醸造においても高度なデリカシーが無論求められるが、原料となるブドウの栽培においては言うまでもないだろう。

　日本酒もビールも焼酎も穀物などの乾物を原料にした酒類である。よって、原料を運搬して醸造すればいいのであるから、圃場に隣接して工場が立地する必要性はない。現にビールの原料の麦芽、ホップは大半が輸入であり、言ってみればビール工場はどこにあってもよいことになる。一方でワインはそうはいかない。輸入も含む果汁を運搬しての醸造も可能は可能であるが、高級ワインであればそれはイレギュラーであり、圃場からあまり遠隔でない所に醸造所があり、理想は主たる圃場に隣接して醸造所があることである。世界の高級ワインではそれがごくごく一般的であり、酒類の中でワインが「もっとも農業性が

43

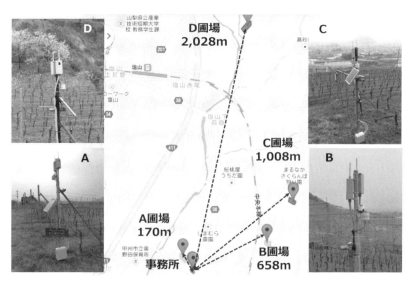

図Ⅰ-25　奥野田ワイナリーの圃場マップ

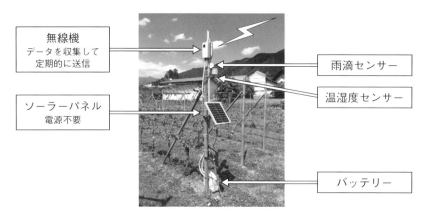

図Ⅰ-26　センシングユニット

高い」と言われる所以である。

　山梨県甲州市の奥野田ワイナリーでは、ワイン用ブドウ栽培にICTを導入している。ワイン用ブドウ栽培で特に重要なのは、収穫時期の予想と、赤ワインの赤み調整のための果皮色素量の予想である。ブドウが開花する6月中旬頃

第Ⅰ章 ▶ 実用化進む農業ICT

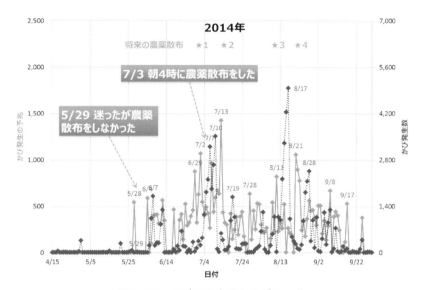

図Ⅰ-27　カビの発生予兆をグラフ化

から1日の最高気温と最低気温の差を足し込み、積算温度が1,300℃になったときがそのブドウの収穫時期となる。また、真夏を過ぎた後、1日のうちの22℃を下回った時間を積算することでブドウの色素量を知ることができる。

　奥野田ワイナリーの圃場は4ヵ所に分散しているが、各圃場に設置された各種センサーが計測した温湿度、土壌水分などのデータを無線機で送信してクラウドに蓄積し、グラフなどを用いて可視化する簡易型気象センシングネットワークによって、収穫時期の目安を把握して作業の効率化、品質向上につなげた。

　カビによるベト病の発生防止もブドウ栽培で重要である。気象データからカビの発生を予測して、気温30℃以上の日が続く場合は害虫農薬のみ、30℃以下の日が続く場合は病害農薬のみを散布するというふうに、最少限の散布回数で確実にカビを抑制することで農薬散布が半減し、コストの削減が図られた。

自動化農業への挑戦

工場技術から始まった自動化農業

● 自動化自体は新しくはない

　今でこそあまり聞かなくなってしまったが、1990年代まではFA（ファクトリー・オートメーション）なる概念がもてはやされていた。文字通り"工場の自動化"で、そのキー・コンテンツの一つが、"マテハン"などと呼ばれる「マテリアル・ハンドリング」であり、その要素がセンシング、コントロール技術である。食品工場の自動化は言うに及ばず、キノコ類の工場栽培にも波及した。形状などの一定性が高い故に、キノコ類の工場には設置しやすかったのである。

　つまり、工場的農業においては、その実用性やコスト面での問題はさて置くとして、自動化、システム化はかなり以前から行われていたのである。農業施設という範囲において言うならば、選果場においても同様である。また、日本ではあまり進んでいるとは言えないが、特に酪農においては欧米を中心に、自動化、システム化はそれほど新しい技術ではない。

● 自動化の先駆"マテハン"とその問題点

　日本のキノコ類の工場や選果場においては、完全自動化はあまり例がないのだが、かなり自動化が進んでいる場合もある。ソート（分別の一種）、ピッキング（一種の引き取り）、包装など、そしてそれらをつなぐコンベヤや自動搬送のシステムや、在庫を含めた総合管理も自動化されているケースもある。

　こういう自動化された農業工場は、見た目にもかっこう良く、"耳触り"もとても良い。しかし、当然のことながら大きな初期投資を必要とし、それに比例してランニングコストも大きいものになってくる。特に自動搬送などで、縦に動く装置や横から縦にスムーズに動いたりする装置などがそうである。導入はしたものの、あまり使用されないケースも見かける。現実への対応として、一部の自動化、すなわち人力との併用が適切であるような場合が多いようだ。

第Ⅱ章 ▶ 自動化農業への挑戦

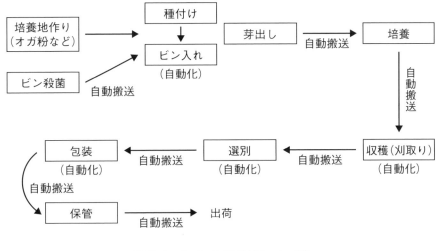

図Ⅱ-1　キノコ工場の流れ（一例）

何と言っても、生産するものが工業製品ではなく自然のものであるから、予期せぬ様々な問題の発生が多いことは事実である。導入は慎重に考え検討すべきなのである。

● 広がってきたIoT導入、自動化

　工場的農業においてだけでなく、IoT導入、自動化はかなり広がってきていて、露地栽培を中心とする一般農業にもどんどん取り入れられている。ここで培われた技術、ノウハウ、特にセンシングやコントロール、一部搬送の諸技術がIoT農業の進展に際して大きく影響してきたことは否定できないだろう。IoT農業の本格化はここ数年の話であるから、波及が遅すぎたのかもしれない。これらの諸技術を見つめ見直すことが、IoT・自動化農業にとってまだまだ重要であるように思えてならない。

　ただ、工場的農業の自動化のケースから参考にできるのは、いわゆるIoTに比べ、"駆動（動力・動き）を伴うもの"の自動化は、ざっくばらんな言い方をすると、「初期費用、維持費用両方に金がかかる」のである。また、技術としてもまだ未成熟な部分が多い。この点を肝に銘じておくべきであろう。

49

GPS技術とドローン

農業ICTを支えるGPS技術

　これまで農業の現場では農家の経験値と手のかけ方が作物の収量・品質を左右するのが常識であったが、ICTの導入によって、温度、土壌、病虫害など圃場・栽培管理にかかる様々な指標を数値化、データベース化することで生育条件の最適化を図り、安定的な収量・品質を実現することができるようになりつつある。その一つがGPS（地球測定位置地システム）である。

　GPSは、地理的な多くの情報を分析し、イメージ画像などの形で視覚的に表示できるシステムである。例えば、植物の葉が赤領域の波長の光を吸収し、近赤外線領域の波長の光を強く反射する特性を活かして、産業用無人ヘリコプターなどから農地の可視光と近赤外光の分光デジタル画像を探知し、解析して、作物の生育診断・栽培管理などに利用する技術がほぼ実用化されている。また、選果場に導入が進んでいる光センサーなどにより蓄積された圃場ごとの詳細な果実データ情報を分析し、品質のばらつきを最小にしたり、営農作業の意思決定に活かしている産地もある。

　さらに、我が国が得意とするICT技術・ロボット技術の融合により、篤農家の技術をICTを用いて数値化し最適条件の再現性を高めると同時に、農業の効率性・生産性を高めようとしている。GPSと組み合わせて圃場や作物の計測結果に基づき、最適な肥料や農薬散布を行う作業ロボットが実現しつつある。分析・意思決定を支援する技術として導入され、農業現場の労力・コスト軽減に寄与することが期待されている。

ドローンと連動しての活路

　これまでGPSの活用は、データの採取などを主に高価な無人ヘリコプターなどを使って行われてきた。薬剤の散布などについても同様である。ここ最近、まだ100万円単位の高価格のものもあるが非常に安価なドローンも多く出

第Ⅱ章 ▶ 自動化農業への挑戦

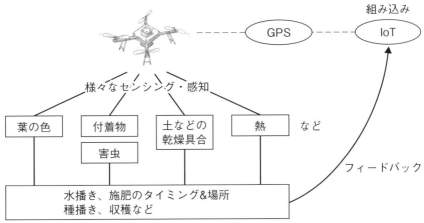

図Ⅱ-2　ドローン活用のイメージ

現し、農業の現場にも投入されつつある。農業活用系を含む多くの、いわば"ドローン・ベンチャー"が群雄割拠しつつあるといっても過言ではない。規制の関係でまだ外国のみの活用のケースもあるが、多局面で活用されつつある。

　センシングにおいては、光、葉の色具合、病気・害虫の状況、熱量の採取によって、被日照量の多寡（部分による受けた日照量の違い）、生育具合、土壌の乾燥具合などを把握、分析する。そして、タイミングや場所を特定しての種まき、散水、追加の施肥、農薬散布の基本データとする。そして、実際の散布なども行える。また、これらを複合したドローンも出現している。

ロボット技術と自動化農機

● 自動化農機の現状

　工場的農業の分野では、採算面での優位性はともかく、自動化概念および自動化実践の導入はかなり早くから行われてきた。それに比して一般農業における自動化、特に駆動を伴う機械・機器分野での自動化の導入はまだ始まったばかりとの印象が強い。近年のGPSの進化が大きな影響を及ぼしている。

　「GPSとの連動」という観点で注目されるのは、駆動系自動化農機、すなわち自動運転のトラクター（耕耘機能付帯）、コンバイン（刈取り脱穀機能）、田植え機の類である。大手の農業機械メーカーがこぞって市場参入を表明し、2018年頃には一般販売を開始するという。もっとも、この分野においても、規制が簡易なことも影響してか、また農業の規模がより大きいことも作用してか、外国の方が発達しているような感覚は拭えない。

　自動運転という概念から鑑みるに、ペイントなどの目印があって規則性が高い道路と比較すると、規則性に乏しく目印もほとんどない農業用地（田畑）では自動運転に関して一面では技術的には難しい。これらは有人機からのリモート・コントロールが原則であり、有人監視下での運転が一つの条件となる。センサーとアンテナで傾きや位置測定を行い、走行、旋回などを自動化する。効率は約1.5倍になり、価格も1.5倍程度に抑えるという。もっとも、それでも非常に高価であるのだが。

　近い将来は、遠隔からのコントロールも可能になり、また一層のIoTとの連動・連携も必要になってくるだろう。こうした一連のシステムの中に完全に近い形で組み込まれて初めて本当の意味での自動化といえるのではないだろうか。

● 収穫の自動化

　"自動化"というには程遠いのであろうが、一部の葉菜類に関してほんの一

第Ⅱ章 ▶ 自動化農業への挑戦

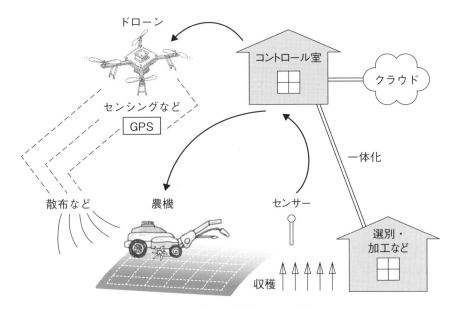

図Ⅱ-3　自動化農機のイメージ

部を自動にした刈取り機器はあるにはあるし、前述のようにキノコには自動化の収穫機は見られる。特にキノコに関しては、規則性が高い作物のため、ある程度の自動化が可能であったという。

　ところが、収穫に特に手間と労力を要する球状のもの、例えばトマトの類に関しては、まだ先の場面であるようだ。ある大企業の研究室レベルでの話だが、大きさや結実具合がかなり不規則なことが、その困難さの大きな要因のようである。機械が得意なのは規則的な物体をどうにかすることであり、言ってみればバラバラの形状のモノに関してはとたんに弱くなる。まだ数年先かもっと先のことだという。ただ、一部には「もっと早い実用化が可能だ」という企業情報もある。いずれにせよ、早期の実現であっても、メンテナンスや修繕も含めた採算性を十分に見極めなければならない。

　収穫に近い領域で言えば、農業用のアシスト・スーツも登場している。大学、研究機関、企業がこぞって開発を急いでおり、高齢化対応という面からも期待されている。

突破できる自動化の壁

　自動化の進度は、それこそモノによる。IoT農業は、農業の主にデータ化、システム化に関することで、いわば頭脳に当たる。一方で「農業の自動化」という概念は、この"頭脳"が使われ、かつIoTと密接な関係がありながら、いわば「労働代行」の側面が強く、つまり人間の動きに近いような「駆動」が要求され、それを"頭脳"でコントロールしていくことである。いわば「動き＋頭脳」であり、単純なものはともかく、より難易度が高いように思う。

　一連の自動化の流れと状況を表Ⅱ-1に示すが、当該の技術によってその到達水準にかなりばらつきがある。先に記したが、完全室内の施設農業では搬送技術を中心にかなりの自動化が見られるところもある。しかしその一方、果実などは品種も考慮に入れると当面達成の見込みもないものも多い。例えば果樹などだと、圃場の形状、環境を含めた状況、そして大きさや硬さなどもそれこそばらばらであるから、細かな品種ごとのオーダーメイド的な面が強くなり、難度は一層高くなる。したがって、自動化の状況といっても簡単に俯瞰できる性質のものではない。

　また、農業機械はそもそも非常に高額だ。例えば、トラクターやコンバインなどの自動運転技術は、ある一面では難しいが別の一面では容易である。つまり、一般道路に比べると事故のような出来事の発生が単純かつ限定的であり、自動車のそれに比べ容易である。しかし、市場規模に圧倒的な差があり、当然、開発に投入される資金も限られ、生産量も大変少なく、開発に時間がかかり、また高額なものになってしまう。また、広大な農地や施設を擁する欧米が先行している場合もある。

　農業ICTもそうであるが、ここでも日本の状況に適合した"日本型"である必要性があり、資金面も含めた官、学と民間の連携が一層図られる必要があると思う。

第Ⅱ章 ▶ 自動化農業への挑戦

表Ⅱ-1　自動化の流れと状況

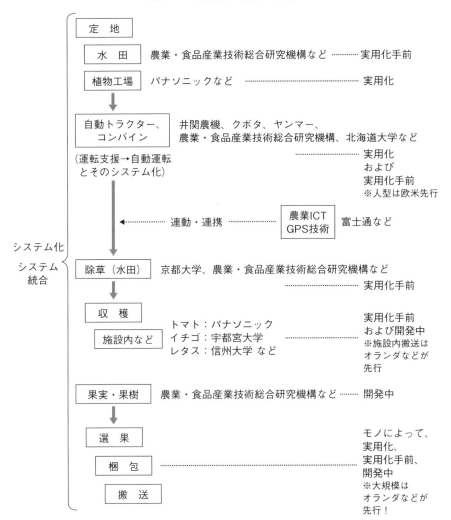

第 III 章

LED化が進む
植物工場

完全人工光型植物工場の課題

● 完全人工光型と太陽光利用型

　植物工場は、野菜や苗を中心とした作物を施設内で光、温湿度、二酸化炭素濃度、培養液などの環境条件を人為的にコントロールし、季節・場所にあまりとらわれずに安定生産するシステムである。そのため、ほとんどの植物工場では制御しやすい水耕栽培を使う。一般的に認知されている植物工場の定義は、大型かつ環境制御がより高度で、ある程度の自動化が施されており、その結果、周年生産と省力化を実現しているシステムである。

　植物工場には大きく分けて、**完全人工光型**（完全制御型）と**太陽光利用型**の2種類がある。完全人工光型植物工場は、太陽光をいっさい使わずに人工光のみを利用し、温度、二酸化炭素、培養液環境など他の環境条件を含めて完全に人工的にコントロールしようとするシステムである。太陽光利用型植物工場は、人工光源の代わりに太陽光という不安定要素をかかえている。つまり、栽培環境における光環境については天候次第になってしまい、従来の農業生産と本質的には変わらないのである。当然、収量の正確な予測と環境制御も困難で、栽培者の勘と経験にどうしても左右されてしまう。そのため、異業種が参入するにはハードルが高く、工業生産の定義から考えると微妙である。加えて、無農薬栽培が難しく、太陽光が当たらないと栽培できないため、平面による栽培になってしまい、敷地を多く必要とする割に単位面積当たりの収量が小さい。人工光併用型の植物工場では、この点は多少改善される。

　しかしながら、太陽光利用型植物工場が有利な点も明確である。第一に、完全人工光型植物工場の運営で一番の課題である光源の消費電力が太陽光を使用することで無料になってしまうことである。とはいうものの夏場は太陽光の影響で温度上昇が大きく、冷却のための空調電力代が高くなる問題をかかえているため、LED光源の技術進歩によって逆転する可能性がある。第二に、栽培可能作物が多いことが非常に優れている。完全人工光型ではリーフレタスなど

第Ⅲ章 ▶ LED化が進む植物工場

人工光型植物工場

太陽光利用型植物工場

図Ⅲ-1　植物工場の2つのタイプ

の葉菜類やハーブなどの香菜類ぐらいしか栽培できないのに対して、太陽光利用型では、果菜類全般や、コストさえ合えば穀物も含めて何でも栽培可能である。ただし、水耕栽培を使っているという理由で根菜類は浸透圧の問題で栽培可能品種は限定される。

　一方、完全人工光型植物工場は、完全に環境制御された空間（室内）で光源についても太陽光をいっさい利用せずに蛍光灯やLEDなどの人工光のみによって栽培するシステムである。つまり、天候に全く左右されずに、完全な周年安定生産が可能で、当然、クリーンルームのような閉鎖空間を利用すれば完全無農薬栽培が容易に実現できる。コスト的に果菜類や穀類の栽培に不向きだが、葉菜類および各種苗生産には大変向いている。

　完全人工光型植物工場の利点についても明確である。天候に全く左右されず、場所を問わない。場合によっては、空いた倉庫や商店街、飲食店内など、いかなる空きスペースにも設置できる点、栽培棚をビル状に高層化することで狭い土地でも大量生産できる点である。また、栽培経験がない素人でも、一般生菌数が少なく常に安定した品質の野菜を生産できるため、異業種が新規参入しやすい点である。このような背景から、多くの企業は太陽光利用型よりも完全人工光型に関心をもっているようである。最近では、日産1,000株以上の大型の完全人工光型植物工場だけでなく、飲食店が1日で使用する日産100株程度生産する店舗併設型小型植物工場や店産店消植物工場の人気も高い。

● 差別化できる技術がないと植物工場は生き残れない

　今日、植物工場が注目されている背景には、頻発する天候不順や異常気象、輸入野菜の急増と消費者の安全・安心への志向が大きい。さらに、原発事故によって放射能に汚染された地域や塩害の地域における安全・安心な農業の創出の問題がある。いま、被災地や原発地域における植物工場の整備による地域復興、新産業の創出から容易に想像できる。

　完全人工光型植物工場野菜の利点は、安定供給、完全無農薬、極めて清潔など、ほぼ完璧に安全安心な点にある。しかし、採算性にはいくつかの問題が残されているのも事実である。まず生産コストがかなり高くつくので、様々な面

第Ⅲ章 ▶ LED化が進む植物工場

でのコストダウンが基本的な課題になる。

　次の問題として、おいしく栄養価の高い野菜の栽培技術が要求される。無農薬・清潔というだけでは一部の流通を除き付加価値が認められないからである。しかしながら、完全人工光型植物工場を成立させるうえで一番の課題であった人工光源の光熱動力費がLEDの急速な普及で大幅に改善されつつあり、採算性については好転している。特に最近、家庭用照明に注目されている高演色性白色LEDは、光合成に有効な660nmの赤色成分を多く含み高効率を実現していることから、さらなる低価格化と低消費電力化に期待がもてる。

　また、現時点でも赤色LED単色の植物工場であれば、栽培品種は限られるものの昭和電工の4元系赤色発光素子の開発によって採算性の高い工場が実現できている。味や栄養価、形態についても、植物の様々な光応答反応を利用して特定の波長のLED光を効率良く植物に照射することで制御が可能になりつつある。

　植物工場の現状として、後で述べるように大手企業の技術力を活かした完成度の高い植物工場システムが普及する一方で、国や地方自治体からの補助金制度が減少してきており、他社と差別化できる技術がない中小企業では栽培システムの販売がとても難しくなっている。一時期は様々な補助金の恩恵で中小企業のシステムが乱立できたが、実際に採算性の低いシステムを導入した工場の多くは生産原価で大きく負けてしまい、倒産したり、そのシステムメーカーも淘汰されてきている。数年すると、その差がより顕著になるだろう。

　採算性の高い植物工場では、他社のシステムと差別化できる高効率かつ耐久性のあるLEDを採用したオリジナル灯具や、省エネを実現する温度管理技術、低消費電力を実現する栽培方法などを必ず組み込んでいる。また、自動化やスペーシング、差倍パネルの工夫など、人件費を減らす何らかの工夫がされており、大手企業でないと参入が難しくなっている。

61

蛍光灯栽培からLED栽培への移行

● 植物工場用光源としてのLEDの長所

　近年、LEDは生活照明向け用途で急速な進化を遂げ、ついに光束効率で蛍光灯を超えた。新聞、テレビなどで白熱電球や蛍光ランプが2020年をめどに実質製造禁止という報道もされているほどである。製造禁止というのは大げさだが、間違いなく終息すると思われる。それに伴い液晶テレビのバックライトをはじめとして様々な家電製品にLEDが採用されている。同様に、LEDは完全人工光型植物工場の蛍光灯に変わる新しい光源として最も注目されている。

　植物工場の栽培用光源としてLEDが優位な点は、おもに以下の4点である。

　①照射光の波長制御と光量調節が可能。

　②小型軽量、低消費電力、熱放射が少ない。

　③寿命が長い。

　④光合成に有効なパルス制御が可能。

　このように述べるとLEDが植物栽培用光源として理想的な製品に見えるかもしれないが、実はそう単純ではない。現在主流の赤色LED単色や赤青LEDの組合せで効率良く栽培する場合には、課題が出ている。植物の成長にとって欠かせない光合成反応においては、クロロフィルの吸収ピークである660nm近辺（650〜700nm）の赤色光が最も強く影響する。また、主要なランニングコストである電力代を考慮に入れると、順方向降下電圧（V_F）が低く高効率な赤色LED単色で栽培するのが工場経営の観点から考えると良いのだが、量産される赤色LEDの波長分布に問題が出ている。日常生活で一般的に使用される赤色LEDの波長は620〜630nmであり、植物栽培に最適な660nmの赤色LEDは、従来量産されていたものの昨今では用途が少なく、製造しているメーカーが減少しつつあるからである。その結果、今以上の低価格化は望めず、特別用途に限定された製品扱いになることで初期コストが高演色白色LEDよりも圧倒的に高くなる傾向が強いのである。

第Ⅲ章 ▶ LED化が進む植物工場

表Ⅲ-1 光源の種類と比較 (1)

光源	ランプ価格[*1]	照明装置価格[*1]	寿命	光束効率
単位	円/W	円/W	hrs	lm/W
白色LED	50	200[*2]	60,000[*3]	190
高演白色LED	100	250[*2]	60,000[*3]	160
赤色LED (3元660nm)	600	750[*2]	100,000	30[*4]
赤色LED (4元系660nm)	150	300[*2]	100,000	35[*4]
白色蛍光灯 FL(40W)	15	150	12,000	80
高圧ナトリウムランプ HPSL(180W)	89	400	24,000	140
メタルハライドランプ MHL(150W)	60	500	10,000	100
白色冷陰極管 CCFL(10W)	15	300	50,000	65

＊1) 消費電力1W当たりの価格。栽培棚1m²での価格比較は次項の消費電力との積で求められる。
＊2) 製造コストが一番低価格な直管型LED照明に加工した場合。植物育成用途でパネル型に加工した場合は一般的に2～3倍になる。
＊3) 寿命は素子やパッケージメーカーによって異なるため、白色LEDは70％輝度低下時点を寿命としている（JLEDS）。
＊4) 660nm赤色LEDを「lm」で評価することは不適切なためmWが望ましい。ただし、620nm赤色LEDの場合は80lmになる。

表Ⅲ-2 光源の種類と比較 (2)

光源	消費電力 (100umol/m²/s)
単位	W[*1]
白色LED	100
高演白色LED	80
赤色LED (3元系660nm)	100
赤色LED (4元系660nm)	40[*2]
白色蛍光灯 FL(40W)	200
高圧ナトリウムランプ HPSL(180W)	180
メタルハライドランプ MHL(150W)	300
白色冷陰極管 CCFL(10W)	200

＊1) 光源から25cm照射下の栽培面（1m²）を$100\mu mol \cdot m^{-2} \cdot s^{-1}$で均一に照射するのに必要な消費電力
＊2) 昭和電工製素子（HRP-350F）の場合

63

このような背景から、将来的に単色のLEDを組み合わせることで特定の波長の光を効率良く植物に照射するシステムが普及するのか、人間の作業効率を優先した高演色白色LEDが普及するのかは、どちらも主流になる可能性があり、現時点では判断がつかない。

植物育成用赤色LED素子

　LED植物工場で最大の課題となっていた光熱動力費の大幅な削減を可能にしたのが、660nmの波長をもつ昭和電工の4元系（AlGaInPの4つの元素から構成される）の赤色LED素子である。

　従来使われていた3元系（AlGaAsの3つの元素から構成される製品）の赤色LED素子は、発光効率が低く、発熱の問題やAlの比率が高く、高湿時に劣化しやすい欠点があった。そこで昭和電工は、4元系の元素の比率とエピ構造を調整することで660nmの波長を実現し、世界最高の発光出力の素子の製品化に成功した。

　現在発売されている赤色LED素子「HRP-350F」は、素子電極の形状と配

表Ⅲ-3　赤色LED素子（660nm）の光出力と効率

		単位	国内LED 2社平均 GaAlAs （3元系）	昭和電工 （HRPH-350F） AlInGaP	信越半導体 （CP-BRADR-14） AlInGaP	OSRAM AlInGaP	Epistar AlInGaP	Epistar AlInGaP
素子 サイズ	面 （エピ部）	mm	0.3□	0.33□	0.35□	1.000□	1.066□	0.5□
光出力	20mA	mW	4.5	14.9	8.35			
	50mA	mW		36.0	22.0			
	100mA	mW		67.5				
	350mA	mW					130	
	500mA	mW				341		230
効率(mW/W)			112.6	365	207.71	295.23	149.1	163.12
パネル化した際の効率比(注)			1.0	3.2	1.8	2.6	1.3	1.5

注意：効率比とは、素子から直接、光を出力した際のPPFD/Wでの比較である。
　　　パッケージ方法により大きく変動するが、パネル化した際の消費電力の目安となる。

置、素子表面の処理に最新技術を採用することで外部量子効率が3元系製品の約3倍になっている。つまり、投入電気エネルギーに対して、外部へ放出される光エネルギーの割合が大きいのである。そのため発熱が大変少なく、空調電力代も大幅に削減可能になった。

ディスプレイや車載用LEDで実績のある信越半導体からも660nmの植物栽培用を企図としたLEDが開発された。同社の製品には、超高輝度非接合タイプ（ATS）と金属接合タイプ（BR）の2タイプがある。ATSは全面発光タイプの製品で、独自のGaP光取出し層があるためキャビティに特殊なミラーを配置して前面に光を取り出す工夫が必要になる。BRはATSよりも効率が劣るが、扱いやすい素子である。昭和電工のHRP-350Fと同じ14milサイズのCP-BRBDR-14の特性を測定したところ、駆動電流20mAではHRP-35が14.9mWに対して8.35mWだった。

海外では、前述した国内メーカー2社と比較できる素子メーカーは、フィリップス照明に採用されているEpistar社製とオスラム社製の4元系素子である。特にオスラム社製品の性能は採算面から十分な実力をもっている。

● 液晶TVのバック照明技術を植物工場用光源に応用

車載用LED照明で大きなシェアを持つスタンレー電気では、LED開発当初から「光のエネルギーを活かす」研究の一環として植物の栽培用光源を試作していた。そして、液晶テレビのバック照明に採用されている導光板を使用した全く新しい植物工場向けLED面光源パネルを開発した。

従来の植物栽培用LED照明はLEDの配置や配光レンズ、栽培面からの距離を工夫する程度で、複数の波長を使用する場合であっても混色や輝度ムラに対して無頓着であった。そのために蛍光灯では問題なく育苗が可能な野菜であっても、LED照明を使用すると形態が悪く、健全に生育させることが困難だった。光量が均一でないために生育ムラの問題も生じていた。そこで光の均一混色化を実現するために液晶TVのバック照明技術の一つである導光板方式を採用したのである。

LED面光源パネルでは、生育可能な植物を増やす目的から660nmの赤色

LEDと白色LEDの2種類を使用し、太陽光に近い波長バランスを再現している。赤色LEDに加えて白色LEDを使用したことには理由がある。外食事業者などの店舗設置を目的とした小型植物工場向けに店舗照明の一部として使用されても違和感なく野菜の生育状況を観賞できるように配慮されたこともあるが、最大の理由は植物の形成形態に影響を及ぼす青色成分のピーク波長にある。

現在の青色LEDの高輝度タイプの波長は各社470nmが多く、この波長はクロロフィルが最も効率よく吸収する青色成分である450nmから多少ずれている。一方で、白色LEDの青色成分のピーク波長は450nmと完璧に一致するのである。また、植物の光受容体は赤と青以外の波長にも存在することから連続スペクトルをもつ白色LEDを選択し、白色LEDで不足する赤色の成分を赤色LEDで補ったわけである。このLEDの組合せは、複数の野菜の栽培実験結果にもとづき厳密に検討したうえで採用された。そのため、このLED光源パネル下では蛍光灯で栽培可能な野菜全てを健全に栽培することが可能である。

このLED光源パネルでは、他社のようにLEDがパネル全面に並んでいるわけではなく、側面に設置した構造になっている。照明側面のLEDから発する光はアクリル製の導光板の側部から入射し、導光板内で表面反射を繰り返して導光板一面に広がる。そして反射ドットで光が散乱され、導光板の表面から外に光が出ていく仕組みである。この際、導光板の光源付近は反射ドットの面積を小さく、光源からの距離が離れるほど反射ドットの面積を大きくすることにより導光板全体が均一に光るわけである。均一な光を植物に照射できることに加えて、この構造のLED面光源パネルは、LEDが側面に付いているために放熱効率が高い特徴をもっている。

光強度は20cm照射下で均一にPPFD（光合成有効光量子束密度）が200μmol・m^{-2}・s^{-1}になるように設計されているので光量は十分。しかも散乱が少ない平行光線なので、60cm照射下でも光量の減衰はわずかである。これらのことから、草丈の高い野菜の栽培も可能になっている。また、培養液中に落下しても問題がないようにLED素子のパッケージングとパネル化の部分で独自の防水構造を採用している。

第Ⅲ章 ▶ LED化が進む植物工場

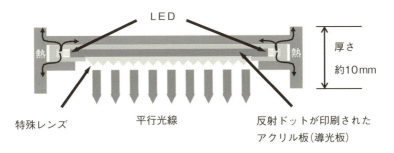

図Ⅲ-2 植物工場用LED面光源パネルの構造

図Ⅲ-3 高演色白色LEDを採用した植物工場用面光源パネル
提供：スタンレー電気（株）

　スタンレー電気はさらに、自社開発の高演色白色LED「アグリホワイト」を採用した面光源パネルを開発した。これは、導光板を採用したLED面光源パネルで培った製造ノウハウを活かし、大型植物工場建設の初期導入コストの大幅な削減と耐久性の両立を実現させた製品である。植物工場内で大きな問題となりつつある硫化対策に加えて、マイグレーション対策、防水対策、紫外線対策、放熱対策を施すことで長寿命を実現した。

同社の導光板を採用したLED面光源パネルと同様に、放熱性の高いアルミ基板に植物栽培を企図としたセラミックパッケージの高効率LED「アグリホワイト」を実装し、パネル側方に斜めに配置されている。拡散板とパネル中央に搭載されたリフレクターの効果で光の均一性が高く光の減衰を抑制する面光源パネルになっている。

● 蛍光灯植物工場が注目する高演色白色LED

　現在稼働しているLED植物工場の多くは、V_Fが低いことから消費電力も低くなる赤色LEDと青色LEDを中心とした植物工場である。そのため、2000年頃の蛍光灯植物工場全盛期に建設された植物工場では、光熱動力費削減のためにLED照明導入の検討を行ったものの、栽培環境（特に光環境）や作業効率が蛍光灯と大きく異なり、生産への影響の危惧からLEDの導入を先送りにした工場がほとんどであった。

　しかし最近になり白色LEDが白熱電球や蛍光灯に替わる省エネ照明として期待され、最も技術進歩の著しいLEDとなった。その中でも、太陽光の下で見える自然色に近い（Raが高い）高演色白色LEDの開発が盛んに行われている。そのような背景から、蛍光灯植物工場が白色LED照明に注目するようになった。

　蛍光灯植物工場が注目する高演色白色LEDとは、厳密にはRaを重視して設計されたものではなく赤色の蛍光体の成分を多くして製造されているが、蛍光灯と作業効率が変わらず栽培環境に大きな変化がないために、違和感なくLEDの導入が進んでいる。

　また、単純にV_Fでの比較では、赤色は2V（2.0〜2.2V）前後で、白色が4V（3.7〜4.2）前後と消費電力に換算すると2倍の差になるが、最近の急速な技術進歩で効率が大幅に向上した。ここでいう「効率」とは、電流を光エネルギーへ変換するときの効率のことで、変換効率が高ければ同じ電流でも光量が大きく発熱が抑えられ、冷却効率も上がる。この効率が一般的な3元系の赤色LEDの2倍以上になっており、赤色LEDと消費電力が変わらなくなったのである。

　このような技術進歩の恩恵で店産店消植物工場への白色LEDの導入が進ん

第Ⅲ章 ▶ LED化が進む植物工場

図Ⅲ-4 ㈱ハートフルマネジメントが開発した白色LED植物工場システム

最初の蛍光灯植物工場システムとして広く知られ長年の実績もある高柳栄夫氏の栽培システムも、正式にライセンスを受けた㈱ハートフルマネジメントによって大幅に改良された。同社は東京都内で販売される葉菜類の大きなシェアをもっているが、最近では、光源に高演色白色LED「アグリホワイト」を採用した独自のエコ菜生産システムの販売・生産販売受託・栽培技術指導・商品開発も行っている。

でいる。店産店消植物工場とは、新鮮で生産履歴の明らかな野菜をレストランなどの店舗で生産、消費できるように設計された植物工場システムのことで、室内照明や料理の色合いに違和感を与えないことが重要なことから高演色白色LEDの独擅場となっている。また、導入実績は少ないものの社会福祉施設での身障者の自立支援プログラムや社会貢献目的でも、作業効率の優れる白色LED植物工場が注目され始めており成果も出ている。

LED植物工場システム

● 15年連続稼動の自動化赤色LED植物工場

「コスモファーム」とは、コスモプラント（株）が建設したLED植物工場に付けられる名称である。現在はサンパワー（株）が、システムを進化させ、コスモサンファームⅠ型として、製造、販売を行っている。

LED植物工場として最も長期間安定生産をしているコスモファーム岩見沢は、障害者の農業への参画を目的に、社会福祉法人クピド・フェアが運営している。2002年に建設され、2017年現在、15年間連続稼働させている。この工場は現在、日曜日以外の週6日収穫しており、1日平均2400株から3,200株を出荷、1年間で80万パックを生産している。

コスモファーム岩見沢におけるレタスの生産工程を解説する。

まず、ウレタンにリーフレタスの種子を播く。種子は播種後、2〜3日で発芽する。発芽後、育苗工程に移る。育苗工程は、育苗室の蛍光灯照射下で14〜17日間生育させる。続いて、均一に生育した苗を選び、栽培トイといわれる縦8m、幅4cmの細長いトイに定植する。このトイ1本でおよそ80株を栽培することができる。

定植後、昇降チェーンがある場所に栽培トイを置くと自動的にLED照明が設置された各棚に搬送され、栽培工程へと移る。栽培工程では、栽培トイが1段当たり104m^{2}で112本入る設計になっている。リーフレタスの場合、通常の植物工場では1m^{2}当たりの収量が45〜60株程度なのに対してコスモファームでは80株以上の収量を可能にしている。

コスモファームでの単位面積当たりの収量が高い理由は、LED照明のほかにもある。それは栽培トイの間隔を可変にしていることである。栽培トイはLED照明下を移動するが、トイとトイの間隔は生育に応じて4cm、8cm、16cmと3段階で変化する設計となっている。小さい苗の状態から密植栽培が可能となるために、LED照明下のスペースを無駄なく利用できる。さらに、

第Ⅲ章 ▶ LED化が進む植物工場

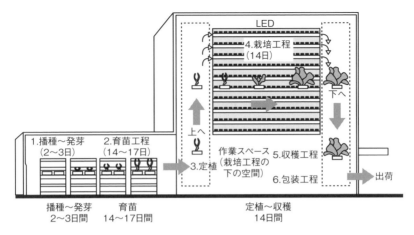

図Ⅲ-5 コスモファームの生産工程（30～35日で収穫）

図Ⅲ-6 昇降チェーンで栽培トイを搬送

提供：サンパワー（株）

移動中でも栽培トイの端付近にあるノズルから培養液が追加され、つねに循環する仕組みになっている。

　最終工程は収穫と包装である。LED照射下で14日間栽培された野菜は、苗を定植した場所と反対側の昇降チェーンで各棚から栽培トイと一緒に収穫や包

図Ⅲ-7　生育に応じて栽培トイの間隔が変化する

提供：サンパワー（株）

図Ⅲ-8　昇降チェーンで収穫

提供：サンパワー（株）

装をする作業スペースへと自動的に降ろされる。そして、栽培トイからレタスを切り離し、商品にならない葉などをカットした後に、生体重を測定、均一の重さにして機械で包装する。

第Ⅲ章 ▶ LED化が進む植物工場

🔵 高速栽培技術「S法」

　LED植物工場システムで今、一番普及しているのが昭和電工の「SHIGYOユニット」である。S法という高速栽培技術を初心者でも再現できるように設

図Ⅲ-9　SHIGYOユニット

提供：昭和電工（株）

図Ⅲ-10　SHIGYOユニットで栽培している様子

提供：昭和電工（株）

73

計されたシステムだ。S法は川内高原農産物栽培工場を始め数十か所の植物工場で効果が実証されており、自社の大川植物研究棟では見学もできるようになっている。

S法は、栽培作物に対して620〜700nmの赤色単色光と400〜480nmの青色単色光を一定時間別個独立に行い、なおかつ交互に連続して行う植物栽培方法である。昭和電工では、1日に照射される全光量（PPFDベース）を蛍光灯と一定にして同じ栽培期間で比較した場合、収穫重量が2倍になると発表している。つまり、従来の蛍光灯やLED栽培よりも短期間で収穫可能になるわけである。加えて、同社の灯具を使用したS法の実施を推奨していることから電源部分による効率ロスやV_Fの高い青色LEDを使用しても蛍光灯の1/2の消費電力となる。つまり、従来の蛍光灯型植物工場の1/4の消費電力で運用できる。

著者（森康裕）が検証したところ、適切な栽培条件を満たした場合、一部の

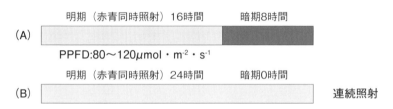

図Ⅲ-11　一般的なLED植物工場の1日の照射時間と栽培面上のPPFD

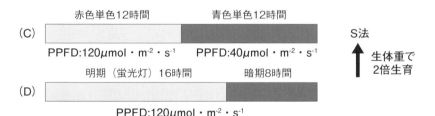

図Ⅲ-12　S法による植物工場の1日の照射時間と栽培面上のPPFD

一般的な植物工場でリーフレタスを栽培する場合、PPFDが80〜120μmol・m^{-2}・s^{-1}で明期16時間、暗期8時間（A）か、24時間照射（B）で栽培される。
SHIGYO法は、ここでは赤色LEDのPPFDが120μmol・m^{-2}・s^{-1}で12時間、青色LEDのPPFDが40μmol・m^{-2}・s^{-1}で交互照射を行っている（C）。Cと1日のPPFDの総量を同一（PPFDが120μmol・m^{-2}・s^{-1}で16時間照射）にして蛍光灯で栽培した場合（D）と比較すると同じ日数で2倍の生体重になる（栽培作物の品種によって効果は異なる）。

作物を除き蛍光灯と比較して生体重で2倍の生育促進効果が認められた。ただし、光量、温度、湿度、培養液温度、風速の栽培条件がかなり厳しく求められる傾向があり、最適環境から外れると効果が得られにくいこともわかった。

　S法の特長として、まずチップバーン抑制効果が挙げられる。チップバーンは、植物が培養液中のカルシウムを植物体内に移動分配する際に、光強度が強く生育が旺盛だと、吸収したカルシウムが外葉に取られてしまい内包葉（新葉）が芯腐れする生育阻害である。S法では、赤色光照射時間に気孔開度が小さくなることで外葉に栄養分が取られず内包葉にもいきわたるのではないかと思われる。チップバーンが発生しやすいコスレタスの栽培にはとても有効であった。

　次の特長として、赤色と青色LEDを使用しながら赤色LED単色（80μmol・m^{-2}・s^{-1}）で24時間栽培した場合と同等の消費電力で栽培できることである（赤色120μmol・m^{-2}・s^{-1}12時間／青色：40μmol・m^{-2}・s^{-1}12時間を交互に照射して栽培した場合）。これまで消費電力から赤色単色で栽培したくても不可能だった作物が栽培可能になるのは大きな利点である。特に従来の光源と栽培方法では、24時間照明では花芽分化してしまい栽培が困難であったホウレンソウでも24時間照射可能なのが興味深い。例外として一部の品種で花芽をつけたものもあったが、培養液温度を15℃に制御したところ、検証したすべてのホウレンソウで24時間栽培できている。

　第三の特長として、苦みを抑制する効果を挙げたい。味覚については人によって好みがあるが、本来、赤色と青色LEDを混合、あるいは青色LED単色で葉菜類を栽培すると、一部の品種を除き、苦みが強く後味の悪い野菜しかできなかった。加えて、生育が進むとさらに増大する傾向があった。一方、S法では赤色光単色での栽培時間が存在するためか、青色光を使用して長期間栽培してもビタミンAが豊富で甘味が強いシャキシャキした食感の良い作物が生産可能であった。

● 大手電機メーカーの開発した植物工場システム

　パナソニックは、2012年から植物工場システムの研究を開始し、13年に福

島工場内に植物工場システムの実証工場を立ち上げた。そして2015年から、電気製品の開発ノウハウを活かした植物工場システムの販売が本格的に開始された。

　パナソニックの植物工場システムの特徴は、まず第一に、棚の温度を一定にする空調技術である。プラント全体の温度管理についても均一になるように複数の業務用エアコンが配置されているが、それとは別に、棚の温度を均一にする技術と、植物生育に最適な気流を作り出せる技術が採用されている。多くの植物工場は棚の高さと温度差の変化に無頓着で、工場生産でありながら生育のばらつきが大きい野菜しか生産できていなかったが、同社は特殊空調技術により最下段と最上段の温度環境を均一にすることで一定の生体重の野菜を安定生産することに成功した。

　通常、最下段から最上段の高さが5mあると4～6℃の温度ムラが生じるが、パナソニックのシステムでは、棚間の温度差を開放された状態でありながら1.5℃以内に抑えられている。これは、栽培棚の空調のシミュレーション結果を元に、局所送風機とダクト配管を設置して最下段の低温の空気を高温になりやすい上段に送風し、均質な温度環境を実現していると考えられる。加えて、棚間の温度差だけではなく、栽培棚で生育する野菜の1株1株にも最適な風が当たるような気流制御されている仕組みが技術力の高さを　示していると思われる。

　第二の特徴として、コンピューターで集中制御される栽培システムにより栽培ノウハウが不要のマウスクリック栽培を実現している。野菜の栽培ノウハウをデータベース化して蓄積しているため、経験や勘に頼ることなく、作業手順を憶えるだけで、長年運営している植物工場と同等以上の野菜が生産できる設計されている。

　栽培環境については、温度、湿度、風速、養液温度、二酸化濃度など植物栽培に重要なすべての項目がコンピューターで管理されている。何か問題が発生しても瞬時に原因を特定し改善できるようなシステムになっている。プラント全体を多彩な環境項目で数値化することにより、今まで発生するまでわからなかった生理障害の早期発見、発生原因の迅速な究明が可能になった。加えて、

第Ⅲ章 ▶ LED化が進む植物工場

図Ⅲ-13　栽培棚に自動化・省力化装置が設置されたパナソニックのLED植物工場システム

提供：パナソニック㈱ コネクティッドソリューションズ社 アグリ事業推進室

　栽培環境を常時ネットワークで監視することができ、データ数値に異常が見られた場合はメールで通知されるため管理の手間も省ける。解決が難しいトラブルに遭遇した場合には、現場とパナソニックの工場でウェアラブルカメラを使って通信し、画像と音声により遠隔サポートも行える。

　定植や収穫についても自動化・省力化装置で行えるようになっており、人件費を削減し、高所作業を安全に行うことができる。また、腎臓病患者用の低カリウムレタスなど高機能性植物の開発や、露地物では難しかった味・食感（甘い～苦い・柔らかい～硬い）・栄養価などのコントロールを可能とする栽培レシピも提供している。

　このような複数の電気製品開発ノウハウを活かすことによって、歩留まり95％を達成している。植物工場業界では、野菜を工場生産しているにもかかわらず安定生産できていなかったことから「歩留まり」という用語はこれまで使用されてこなかったが、パナソニックの植物工場参入をきっかけに広く普及するようになった。

植物工場生産に最適な栽培環境

　ここでは、植物工場を運営、建設するうえで重要な植物工場生産に最適な栽培環境の制御項目を解説する。

（1）光

　光環境は、光合成速度や蒸散速度、養分吸収などに影響を与える。まず、植物工場の現場では、消費電力が低く、植物の様々な光応答反応を効率良く利用している照明装置を導入することが重要である。設置の際も栽培面に波長ムラがなく均一かつ減衰の少ない光が供給できているか確認する必要がある。そして、調光装置で栽培作物に対して無駄のない最適な光量を与えることも重要である。もちろん、栽培棚についても棚と棚の間隔は栽培植物に可能な範囲で近接させる必要があるし、光が棚の外へ漏れないように設計された灯具を導入したり、反射板の材質を吟味する必要がある。加えて、水槽と栽培パネルの色を反射しやすい色にする必要がある。当然、精度の高い定評のある光量子計で光量を測定・管理することも重要である。ただし、遠赤色光の波長成分を測定する必要がある場合は、著者の把握している限り、すべての光量子計で測定範囲外になるため、信頼性の高い分光放射照度計の数値から光量子束密度へ換算する必要がある。

（2）温度

　温度は、光合成速度や呼吸、培養液の溶存酸素濃度の変動、湿度の変動に関与することで作物に対して二次的な影響を及ぼす。そして、植物の養分吸収率を変化させ、生理障害に発展することもあるために最適な温度管理は必須である。栽培試験や光合成速度の測定によって目的とする栽培作物の最適な温度を見つける。ただし、基本的に葉菜類の場合は22〜25℃で管理しているところが多い。注意すべきことは、多層のLED栽培棚の上層と下層の温度差を3℃以内にし、なるべく全体の段を一定の温度で均一になるような配慮が必要である。栽培棚の高さによっては、上層の温度が高くなるため、水冷や送風機で下

第Ⅲ章 ▶ LED化が進む植物工場

層から空気を運ぶ工夫が必要となる。

(3) 培養液温度と溶存酸素量

培養液の温度は、栽培空間の温度も変化することから大変重要である。培養液の温度管理が厳密であれば、棚の温度差も一定になりやすく、空調機器による温度管理での問題が出にくくなる。

培養液温度は溶存酸素量を決定しており、高温になると酸素が培養液に溶け込みにくくなり、根の酸素欠乏を引き起こし、カルシウムの吸収の低下、植物ホルモンの合成阻害につながる。その結果、根が細く褐変したり、ひどい場合は根腐れや生育抑制（停止）、形態異常を引き起こすわけである。

逆に低温だと、マグネシウム、リンの吸収阻害が発生し、下葉の葉脈間にクロロシスが発生したり、生育が停止し、アントシアニンが発現する場合がある。作物や品種ごとに最適値があるが、15～25℃の範囲で作物に合わせて制御することが望ましい。

溶存酸素量については、ポンプの流量（水流調整）の基準にされることが多い項目である。植物工場では、培養液温度を20℃に設定している場合が多く、5～8mg/Lを維持するような流量にしているところが多い。

(4) 湿度

植物工場では密植栽培の恩恵で湿度を管理しなくても栽培できてしまうことから、生産者によっては管理していないところも多い。しかし、湿度は光と同様に気孔の開閉に関与しており、湿度が高いと蒸散が活発になり、気孔開度が大きくなる。逆に、空気が乾燥し湿度が低いと、体内の水分を保持するために蒸散を抑制し、気孔開度が小さくなる。また、湿度が高い環境は蒸散が活発になることから、生育が良好になることが多い半面、野菜が水っぽくなる現象や葉が柔らかくなりすぎる現象が発生する。葉表面も濡れるために一般生菌数が多くなる傾向がある。逆に低湿度だと、葉が硬く葉の濡れが抑制されるために葉面で細菌の増殖が抑制され、一般生菌数は少なくなる。ただし、気孔開度が小さいために炭酸ガスの影響や風の影響が得られなくなり生育の抑制や生理障害が発生する。

このように、湿度は低すぎても高すぎても問題が出る管理が必要な重要な栽

79

培環境なわけである。最適値は、作物によって異なるものの65〜70%で管理するのが好ましい。

(5) 風速と二酸化炭素施用

植物工場では密植栽培されているために栽培面上の空気が動きにくくなり、二酸化炭素の濃度ムラや二酸化炭素不足に陥ることもある。一般的に、無風状態や密植状態では葉面境界層ができ、二酸化炭素の施用効果が弱くなる。このように炭酸ガス濃度と空気流動は関連性が高いために二酸化炭素施用とセットで考えるのが良い。

植物工場用光源としてLED照明が採用されるようになってから、植物の光受容体が求める最適な波長の光が供給可能となり、生育促進効果により二酸化炭素の重要性が高くなっている。葉菜類の場合、炭酸ガス不足に陥ると、生体重や葉数の減少、葉の展開角度が大きくなる傾向がある。植物によっては、葉肉の充実不足や葉柄が発達して軸ばかりになったり、極端な甘味不足になることがある。

次に最適な気流速度は、育苗と栽培工程で異なるが、育苗に最適な気流速度が風速$0.2〜0.3m・sec^{-1}$で栽培工程が$0.6〜1.0m・sec^{-1}$あたりである。植物の葉先が揺れる程度の数値を基準として最適値を検討するのが望ましい。最適な気流速度では効率よく二酸化炭素を施用でき、使用量を減少させることもできる。灯油を燃焼させてコスト削減するよりも、空気流動を管理する方が低コスト化できる。また、風は、葉の濡れや気孔に蓄積する微細なゴミを除去し、光合成と蒸散作用の促進効果があり、病原菌の繁殖も抑制する。

(6) EC（電気伝導度）

LED植物工場では、植物に最適な波長分布の光を効率よく照射可能なために、特定の肥料成分が極端に吸収されることもある。そのため、培養液の濃度と管理がより重要となる。培養液の濃度を示すのによく使われるのがEC（電気伝導度）で、単位は国際単位系でdS/mが使われる。純水は電気を通さないが、培養液のように水に電離した物質のイオンが存在すると電気を通すようになる。よって、水にどれだけのイオンがあるかECを測定することで求められるわけである。また、水の電気伝導度は溶解する無機塩類の量にほぼ比例する

ため養液栽培で使用する培養液の濃度を判断する指標となる。養液の交換時期の判断や追肥重量の計算に使用される重要な単位として使用されている。ただし、本来、ECは培養液の全イオン濃度の測定は可能でも個別の濃度がわからないために目安程度として、イオンクロマトグラフとプラズマ発光分析装置（ICP）で培養液の成分をイオンごとに明確に数値化して管理できるのが理想的である。とはいうものの高価な測定装置を導入することは困難なので、イオン電極による測定や水質チェック用のパックテストを用いた比色試験程度は必要である。

次にECの目安は、培養液メーカー推奨の作物ごとの管理例を参考にすると良い。ただし、葉菜類を生産することが多い植物工場では、育苗工程はEC1.2前後の低濃度で栽培し、栽培工程ではEC1.6〜2.4で栽培するのが一般的である。また、特定の波長の光で栽培する場合には、メーカー推奨とは異なるECで調整する必要がある。加えて、培養液の各肥料成分が大幅に違ってきたと感じた時や、病原菌などで汚染された時は、速やかに培養液を全量交換することが重要である。

(7) 資材の消毒

LED植物工場は、硫化に弱いLEDを使用しているために消毒効果の高い塩素製剤が使えない。ただでさえ植物工場は密閉空間に加えて、培養液、ウレタン（漂白剤）、塩素系洗剤、段ボール、ゴムなどの硫黄成分を含んだガスの発生源を大量に消費している。ガス発生源から放出されるガス（樹脂を簡単に通過する）がLED内部に浸透しキャビティの底にある銀ミラーをゆっくりと黒化させる。つまり、反射率が低減しLEDのPPFD低下の原因となるわけである。

また、例え半導体用のクリーンルームで厳密な管理をしていても、種子、資材、地下水などから多種の細菌、糸状菌類が混入する。予期しない場所から、多種の細菌、糸状菌類がプラント内に混入することもある。基本的には、資材の抗菌化や細菌の混入を前提としたプラント設計が望ましい。ただし、培養液については、交換が望ましく、紫外線殺菌は、不溶性の塩や難溶性の塩を沈殿させ培養液成分組成を崩すために望ましくない。

人工光型植物工場で作れる野菜

● 人工光型植物工場野菜の品目と選定基準

　人工光型植物工場は、栽培光源の消費電力が大きく温度管理も必要なために、生産コストの空調電力代が占める割合が大きい特徴がある。つまり、栽培作物は、採算性を考えると短期間で栽培可能かつ、可食部が多いリーフレタスなどの葉菜類に限定される。また毎日安定生産することから、連作障害を発生させないために水耕栽培を用いる。根菜類は不可能ではないが、肥大化する根部にある程度の圧力を加えるために培養液の流量制御や特殊な支持材（培地）を開発する必要性がある。最大の問題は浸透圧の問題で、どうしても裂根する作物が多いため採算性の問題で候補から外れる。

　次に、葉菜類なら何でも栽培作物として最適なわけではない。光量が弱く、短期間で重量をかせぐことが可能で、なるべく輸入できない製品が好まれる。このような理由から、リーフレタスを中心に植物工場では作られているわけである。

　なかでも不動の一番人気がフリルレタスである。フリルレタスはグリーンリーフの一種だが、葉先がぎざぎざでフリル状になっている。「フリルアイス」と呼ばれることも多いが、「フリルアイス」は雪印種苗が販売する時に使用している商標で、基本的には同じものである。ただし、フリルアイスは改良されており、一般的なフリルレタスよりも葉の先に細いフリルの切れ込みが深く、同じ重量でも見栄えが良い傾向が強い。種子価格はフリルレタスの2倍程度と高価だが、付加価値を優先して採用する工場も多くある。また、植物工場では採算性の問題から結球させるために低温管理が必要な結球レタスはあまり生産されないことから、食味が結球レタスに似てシャキシャキした歯ざわりが得られ、日持ちが良いフリルアイスは重宝されている。加えて、栽培期間がサニーレタスなどより5日間程度長くなるものの、栽培エリアの単位面積当たりの重量が大きく、葉先が縮れている分、少ない量でもボリューム感と独特のインパ

82

第Ⅲ章 ▶ LED化が進む植物工場

フリルアイス（フリルレタス）　　コスレタス（ロメインレタス）

グリーンリーフ

図Ⅲ-14　葉菜類（レタス）の人気品種

資料提供：中原採種場（株）

クトを出せるので、サラダにした時の見栄えが良い理由でもある。

　次に生産量が多い品種は、グリーンリーフとロメインレタスだが、植物工場が建設されている地域や利用している流通によって順番が変わる。例えば東北地方などでは、ロメインレタスがグリーンリーフよりも売れるようだが関東地方ではグリーンリーフの方が売れている。グリーンリーフは、品種というよりも緑色のリーフレタスの総称で販売されている傾向が強くあるが、一般的にはタキイ種苗のグリーンウエーブや中原採種場（株）のグリーンリーフを栽培している工場が多い。このようにフリルレタス、グリーンリーフ、ロメインレタスの3種類のリーフレタスを生産する工場が多い。リーフレタス以外にも最近ではホウレンソウやイチゴの様々な品種が栽培されているが、基本的にベビーリーフとして販売される品種の方が多い傾向がある。

● 注目されているベビーリーフ

　野菜の価格競争が激しく、日産3,000株以上の大型植物工場でないと採算が

83

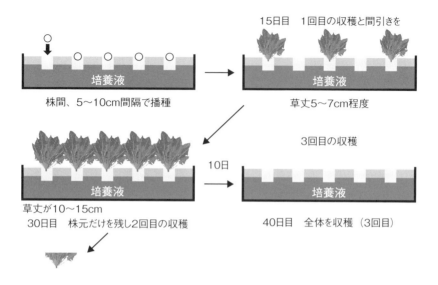

図Ⅲ-15　3回程度収穫できるベビーリーフ

とれなくなってきているが、日産1,000株程度の植物工場が一番多いのも事実である。そのような工場が利益を確保するために考案したのがベビーリーフのミックス野菜である。

　ベビーリーフとは、様々な葉菜類の若芽を総称しており、様々な品種の種子を混合して販売されることもある。ベビーリーフミックスなどと名前がつけられた種子も存在する。ただし、ミックスした状態で播種すると収穫時期によって収穫される品種に偏りがどうしても出てしまうために、数品種を個別に栽培してパッケージの段階でミックスする工場が圧倒的である。また、大型の植物工場では、育苗室の開いているエリアを利用して生産される程度で、実際にはミックスする手間と管理の問題から大型植物工場では積極的に生産されていない。

　ベビーリーフの管理が大変な理由は、栽培と収穫方法にある。まず、ベビーリーフの種子は株間5～10cm間隔で播種して、播種後15日目あたりで草丈が5～7cm程度になるので、間引きを兼ねて1回目の収穫を行う。そして、30日目に草丈が10～15cmになったら、株元だけを残し2回目の収穫を行う。そし

第Ⅲ章 ▶ LED化が進む植物工場

ルッコラ（ロケット）
ゴマの香りとクレソンに似たほのかな苦み

わさび菜（グリーンマスタード）
からし水菜とは、同じアブラナ科の別種

からし水菜
辛味を加えられる

チコリー（イタリアンレッド）
苦みを加えられる

エンダイブ（にがちしゃ）
チコリーと同様に独特の苦みがある

ピノグリーン
ジューシーな味わいや栄養価の宣伝

ビート（デトロイト）
葉酸、カリウム、ポリフェノールを豊富に含む

水菜
重量を増やす目的

タアサイ（キャベツ風味）

レッドケール
タアサイと味が類似（キャベツ風味）

図Ⅲ-16　ベビーリーフとして収穫される作物

資料提供：中原採種場（株）

て、10日ほどで株元から収穫サイズに生育するので、3回目の収穫を行う。つまり、3回も手間がかかるので小型植物工場では手間がそれほど負担にならず、むしろ栽培面積を有効に利用できるために良いのであるが、大型植物工場では2回目の収穫の際に簡易的なロボットで栽培面の両端からワイヤで自動的に収穫させるなどの自動化の工夫が必要になり、採算性が悪くなってしまう。

　ベビーリーフのミックス方法についてだが、ベビーリーフの品種選択は植物工場のノウハウの一つになっている。ミックス野菜にする場合の品種選定は、各植物工場に特徴があるものの彩りを重要視する傾向がある。スーパーなどに並んだ際に、赤、緑、黄色系のベビーリーフを組み合わせ目立つ工夫がされている。加えて、味や香り形態の組合せにも工夫がみられる。

　そこで、ベビーリーフで多く生産されている品種と簡単な特徴を紹介する。まず、ミックス野菜の場合、最低でも10品目必要であるから、植物工場の主要生産作物であるフリルレタス、サニーレタス、グリーンリーフの若芽はベ

ビーリーフとしても販売されるケースが多い。純粋にベビーリーフとして栽培される作物の中には、香りや味覚の向上の為にハーブ系も含まれており、ゴマの香りとクレソンに似たほのかな苦みがあるルッコラ（ロケット）や、独特な香りがするバジルが代表的な作物である。他にも、味に辛味を加える目的で、ワサビ菜（レッドマスタード、グリーンマスタード）、またはカラシ菜（赤からし水菜、ピリカラ菜）が選択されている。また、苦みを出すために、イタリアンレッド（チコリー）またはエンダイブを加えたり、ジューシーな味わいや栄養価の宣伝を目的としてホウレンソウやアクが少なく食べやすいピノグリーンを加えることもある。

　一番重要な彩りを良くする工夫として赤色や黄色系の葉が収穫できるレッドロメインレタス、赤軸ホウレンソウ、ビートを加える植物工場が多い。特にビートは、葉酸、カリウム、ポリフェノールを豊富に含む品種があり、ミックス野菜では必須品目の一つである。重量を増やすことも大変重要であるから、重量が大きくなりやすい、水菜を入れるのが一般的だが、名前の通り水分を多く含むために細菌が繁殖しやすく、日持ちが悪くなることから、栽培生育期間が短いチンゲンサイが入れられることもある。

　ミックス野菜の代名詞というとキャベツを連想すると思われるが、植物工場では生産が難しいため、キャベツの代わりに風味が似ているタアサイ、レッドケール、タアサイの亜種であるレッドパクチョイを加えることがある。どの植物工場もこれらの組合せをノウハウとして、味、香り、彩、形態、重量を工夫した独自のミックス野菜を販売している。

LED植物工場で期待されるイチゴ栽培

　人工光型植物工場は、栽培光源の消費電力が大きく温度管理も必要なために生産コストの空調電力代が占める割合が大きいため、栽培作物は、採算性を考えると短期間で栽培可能かつ可食部が多いリーフレタスなどの葉菜類が中心となる。葉菜類以外で植物工場用作物として期待されているのがイチゴである。イチゴは最も人気の高い果菜の一つであり流通価格も高いので、植物工場の作物として適している（図Ⅲ-17）。

　日本で栽培されているイチゴの多くは、秋の低温・短日で花芽を形成し、春に開花・結実する一季成り性品種である。一季成り性品種に対して、ほぼ一年を通して花芽形成し開花・結実をする四季成り性品種があるが、一季成り性品種と比較して流通価格が安く味も劣る。よって、植物工場で栽培するイチゴは一季成り性品種となる。また植物工場であれば、環境制御することで本来、露地栽培では収穫できない時期に高値で販売できる利点がある。加えてイチゴ

図Ⅲ-17　LED照明照射下でイチゴを栽培している様子

表Ⅲ-4　イチゴの栽培プロセス

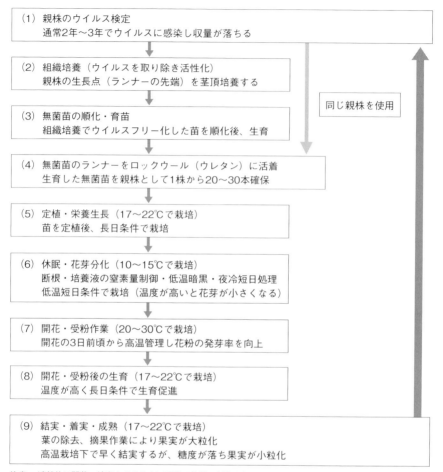

注意 ・連続的に開花・結実させるために通常は休眠の制御を行う。
　　・秋から春に収穫するために夏場は苗を低温処理する。
　　・栽培の最適温度はイチゴの品種によって若干異なる。

は、種々の波長のLED光で栽培した場合に生育への影響が顕著に現れるので、LED植物工場で栽培すれば特定の波長の光を植物に効果的に照射し、開花や結実時期の調節、形態や栄養成分のコントロールが容易になる。このような理由から、日本をはじめとして韓国でも研究が盛んになってきた。

　しかしながら、イチゴはLED植物工場の栽培作物として、二つの大きな課

第Ⅲ章 ▶ LED化が進む植物工場

題がある。一つは、レタスなどの葉菜類と比較して、栽培に必要な光量が2倍程度（PPFD：$200 \sim 300 \, \mu \, \mathrm{mol} \cdot \mathrm{m}^{-2} \cdot \mathrm{s}^{-1}$）必要なために、消費電力が高くなることである。ただし、この問題点については、イチゴはもともとの販売価格が高いこととLEDの高効率化も急速に進んでいるので、時間が解決してくれると思われる。二つ目の問題は、苗栽培に関する問題である。イチゴの増殖は、種子を使って栽培すると自家受精する度に遺伝子が交錯して、味・色・大きさ・成熟度などがバラバラになり商品としての均一性がなくなるためにランナーを使った栄養生殖をさせる。

　しかし、現在の栄養体で増殖するイチゴ栽培にも大きな問題がある。それは、植物病原性ウイルスや炭疽病などの主要病害が苗に潜在感染し、病害の蔓延による生産量の低下などが発生するからである。そこで、全国の公的機関でウイルスフリー苗の維持、増殖、配付をしているが、業務において優良種苗の安定供給や価格に支障を来している。また、ウイルスフリー苗の生産には組織培養が用いられているので、植物ホルモンによる変異などの心配もある。

　種子繁殖ではイチゴに感染する主要なウイルスや炭疽病菌は伝染しないので、種子繁殖がイチゴにおいても可能になればランナーによる増殖と比較して軽作業化でき、育苗期間についても大幅な短縮が期待できる。植物工場など大規模生産を含めてイチゴ産業界全体に変革をもたらすことができる。

　近年では、イチゴの安定した植物工場生産への期待もあり、従来、選抜や固定が難しいといわれて敬遠されていた種子繁殖型F1イチゴ品種の実用化の研究も進み、採取された種子の選抜や精選方法も確立されつつある。本格的なイチゴ植物工場の到来は、LEDのさらなる高効率化と種子繁殖型F1イチゴ品種の確立にあると考えている。

　ただし、採算性を考えた場合に現時点でも魅力ある作物なので、今後、種子繁殖型F1イチゴ品種が確立できなかったとしても、多くのメーカーが栄養生殖による方法と消費電力を抑える工夫として自然エネルギーを組み合わせてLED照明で栽培を行う可能性も高いと思われる。

89

開花制御が可能な超小型植物工場

　(一財) 社会開発研究センターでは、植物工場の実用化・事業化局面での「設計、建設、マーケティング」の相談の他に、植物工場の基礎技術の研究や基礎研究の結果を活かして製品化のお手伝いを行っている。その一例として植物の光形態形成の研究から生まれた**インビトロフラワー**という技術を紹介する。

　「インビトロ」とはin vitroと表記し、ラテン語のガラスを意味するvitrumから出た合成語で、「ガラス容器で」という意味がある。インビトロフラワーは文字通り、特殊な栄養分が含まれたジェルと無菌状態の試験管内で植物を生育させ、開花を目的とする組織培養技術の一つである。LEDが高価であった時代に、試験管という非常に小スペースで植物工場の栽培品目の検証や種々の波長のLEDが植物の形態や生育に及ぼす影響を調べることが可能だったこと

図Ⅲ-18　LED光を開花制御に利用したインテリア照明

第Ⅲ章 ▶ LED化が進む植物工場

から研究目的で活躍した技術である。そして、植物工場用LED照明開発の重要なデータ収集に大きく貢献した。その基礎研究がそのまま製品化されているわけだから、一番小型の植物工場といっても過言ではない。

インビトロフラワーと小型LED照明は、開花制御が可能な小さなLED植物工場として製品化された。この製品は、水分と栄養分を試験管内のジェル（ゲランガム）から供給し、LED照明装置が開花に最適な波長と光量を効率よく試験管に照射できる工夫がされている。試験管内は無菌のため植物が病気になることもなく、電源コンセントさえあれば細かい管理を全く必要としは1カ月点灯したままでも1W以下だから、電気代も10円以下と省エネ設計になっている。

このインテリア照明の特徴は、誰もが手軽に自宅でバラの花を咲かせることが可能な点である。密閉環境で生育するために、植物にアレルギーのある人や病院などでも楽しめるだろう。この照明装置の下に置いておくだけで、季節を問わず60日以内にバラが開花した。試験管内のジェルがなくなるまでの6カ月

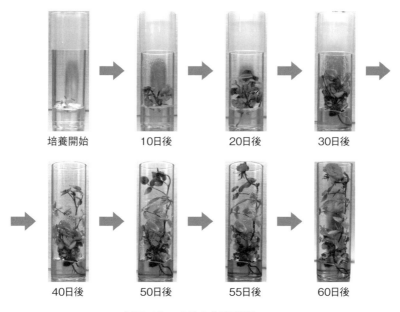

図Ⅲ-19　バラの生育過程

ほどの間、複数回の開花を楽しめる。10年間以上試験管内で継代されたウイルスフリーのバラなので生育が旺盛で、数カ月後にはきれいな花を咲かせる。バラの他にはトレニア、ペチュニア、ケイトウ、エキザカム、ハエトリグサ、ミミカキグサなども同様に育成できる。

　LEDインテリア照明の使用方法はごく簡単である。付属のACアダプターを電源コンセントに接続し、植物組織が入れられている試験管を窪みのあるステージの上に設置する。次に、ステージ側面に付いているスピンドルスイッチを回転させることで3種類の色を変化させられる。植物組織が小さい場合や生育が悪い場合は、光合成に強く影響するクロロフィルの吸収ピークがある660nmの赤色光の割合が大きくなるモードを選択し、草姿を小さい状態で開花させたい場合や、少しでも早く開花させたい場合は、クリプトクロームやフォトトロピンといわれる光受容体の吸収ピークがある青色光の割合が多いモードを選択すればいいわけである。

　このモードでは、実際には青緑色に見えるが、観賞の際には色がつくと違和感があるため、白色LEDモードで観察すると良い。開花装置本体は、放熱性の高いアルミダイキャストと金属基板（アルミ）を採用した高級仕様である。そのため、24時間連続照射しても10年以上の耐久性がある。LED植物工場用照明の開発ノウハウを生かして製造されているため、低価格で購入できる本格的なミニ植物工場といえる。

　付属のAC電源はDC5V仕様のためUSBや携帯電話・携帯ゲーム機などの様々なモバイル機器のバッテリーから電源供給が可能である。非常時の照明にも便利であり、1号サイズの鉢に植物を植えてステージに乗せて栽培を楽しむこともできる。

第 Ⅳ 章

バイオマスによる
エネルギーの地産地消

再生可能エネルギーとして利用されるバイオマス

　人間は呼吸で酸素を獲得して、食事で食料から消化吸収して摂取した糖分などを酸化して活動に必要なエネルギーを得ている。現代では、産業活動で必要なエネルギーの大部分は石炭、石油に代表される化石燃料の消費であり、その結果として廃棄物や二酸化炭素を放出し、食料生産のため農地に変える森林破壊などにより、人口増とともに地球の環境問題に進展してきている。第二次大戦後になって工業の発展による急激な社会の変化は世界に多様な格差を産み出している。社会、企業、ライフスタイルなどのあり方が地球の生物の持続可能性に影響することが明らかになり、大きな社会的変革が求められるようになってきた。

　だからエネルギーの問題は結局、地球環境問題といわれるゆえんなのである。東日本大震災による福島第一原発事故は、目に見えない放射能汚染が周辺地域の生活を奪い、かつ震災地のみならず全国的に産業の停滞を招いただけではなく、世界の産業にも悪影響を与えた。放射性廃棄物も含め原子力エネルギーの安全性が大きく問われているのである。

　古来、人間は生物（バイオマス）を、食料も含め生活に必要な資源として利用し発展してきた。バイオマスエネルギーの利用は「再生可能」、「カーボンニュートラル」なので、二酸化炭素排出量削減や循環型社会の実現に貢献する。エネルギー化事業は地方の産業を活性化し、雇用の創出が生まれることにつながっている。

　地球温暖化防止、循環型社会形成、戦略的産業育成、農山漁村活性化などの観点から、内閣府、総務省、文部科学省、農林水産省、経済産業省、国土交通省、環境省が協力して、2002年に「バイオマス・ニッポン総合戦略」を閣議決定し、交付金による事業支援が行われた。この戦略に合致するバイオマスタウンは全国で約300の市町村に達している。

第Ⅳ章 ▶ バイオマスによるエネルギーの地産地消

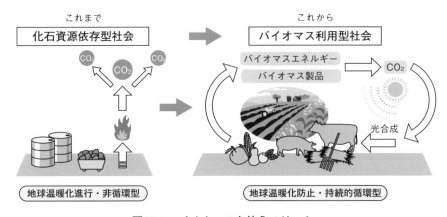

図Ⅳ-1　バイオマスを使うメリット

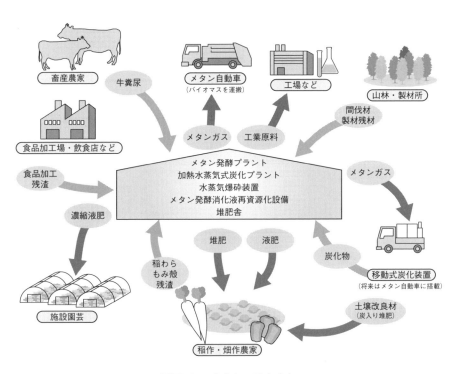

図Ⅳ-2　バイオマスタウン

エネルギー源となる
バイオマス資源のいろいろ

　エネルギーとして利用されるバイオマス資源は、未利用系資源、廃棄物系資源、生産資源に分けられる。我が国で利用可能なバイオマス資源は、ほとんどが未利用系資源であり、製材残材・建築廃材などの木質系バイオマス資源、木材パルプ製造時に発生する黒液などが利用されている。工場などで発生する廃棄物系バイオマスは現場で比較的効率的に収集し利用することが可能であるが、国内に広く分布する森林バイオマスなどの未利用系資源の収集や利用技術を低価格にすることが課題になり、さらに周辺地域でも利用していく必要がある。一部の海外諸国ではエネルギー利用を目的としたバイオマス資源の生産が行われているが、我が国では未利用系資源の利用拡大とともに、海外でバイオ燃料を製造して輸入する「開発輸入」の推進にも力を入れるべきである。

　我が国のバイオマス賦存量の概要を図Ⅳ-3に示す。

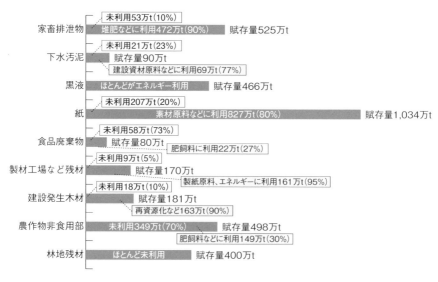

図Ⅳ-3　日本のバイオマス賦存量（農林水産省、2010）

第Ⅳ章 ▶ バイオマスによるエネルギーの地産地消

表Ⅳ-1 バイオマス資源の体系（NEDO, 2010）

未利用系資源	木質系バイオマス	森林バイオマス（林地残材、間伐材、未利用樹）
		その他（剪定枝など）
	農業残渣	稲作残渣（稲わら、もみ殻）
		麦わら
		バガス
		その他
廃棄物系資源	木質系バイオマス	製材残材
		建築廃材
	製紙系バイオマス	古紙
		製紙汚泥
		黒液
	家畜糞尿・汚泥	家畜糞尿（牛、豚、鶏、その他家畜）
		下水汚泥
		し尿・浄化槽汚泥
	食品系バイオマス	食品加工廃棄物
		食品販売廃棄物（卸売市場、小売業）
		厨芥類（家庭系、事業系）
		廃食用油
	その他	埋立地ガス
		紙くず、繊維くず
生産資源	木質系バイオマス	短周期栽培木材
	草木系バイオマス	牧草、水草、海草
	その他	糖、でんぷん
		植物油（パーム油、菜種油など）

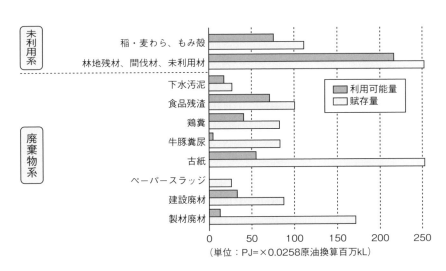

図Ⅳ-4 バイオマスエネルギーの賦存量と利用可能量（資源エネルギー庁）

バイオマスのエネルギー化技術

　バイオマスのエネルギー化では、廃棄物系バイオマスや未利用系バイオマスを収集・運搬し、また、資源作物を栽培して、得られたバイオマス資源を物理的、熱化学的、生物化学的に気体燃料、液体燃料、固形燃料などに変換し、熱、電気エネルギーとして利用する。バイオマスのエネルギー化に関連する技術は、原料栽培・収集・運搬（貯蔵含む）、エネルギー変換技術、一般廃棄物処理関連技術、バイオリファイナリー（化成品製造）に大別され、さらにエネルギー変換技術は「物理的変換」、「熱化学的変換」、「生物化学的変換」に区分される。

　「一般廃棄物処理関連技術」は、①組成が複雑であること、②組成中のバイオマスからのエネルギー変換のみを目的とした技術体系でないこと、③近年、バイオマスエネルギー回収に主眼を置いた施設設置が進んできたこと、④エネルギー回収設備の設置などにおいては交付金などによる促進が主であり技術開発、普及に関わる要因がコスト制約のみではないこと、などを背景にバイオマスエネルギー変換技術とは別の体系となる。

　一般廃棄物分野の課題としては、熱回収効率・発電効率の向上や、建設費・ランニングコストの低減などが挙げられる。一般廃棄物処理による再生利用および熱回収にバイオマス関連技術が含まれ、「エネルギー回収推進施設」「高効率ごみ発電施設」「有機性廃棄物リサイクル施設」などの技術開発が政府の支援政策となっている。

　エネルギー利用および化学原料利用・素材原料利用を含む総合的かつ効率的に利用するという概念を**バイオリファイナリー**と呼び、化学原料利用、素材原料利用として技術体系に含めている。理論的にはバイオマス由来の化学物質で石油由来物質のほぼ全てを代替できると言われている。

　エネルギーの使用を最小限に抑え、脱化石燃料依存を廃し、有効にバイオマス資源を利用するという観点が重要である。

第Ⅳ章 ▶ バイオマスによるエネルギーの地産地消

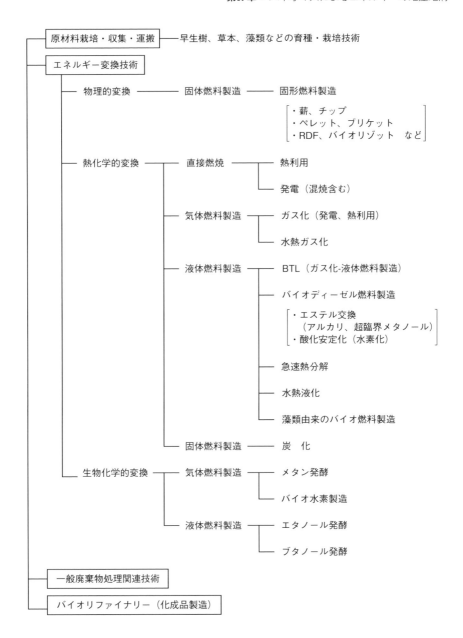

図Ⅳ-5　バイオマスのエネルギー化技術体系（NEDO）

表Ⅳ-2　バイオマスのエネルギー変換技術の概要（NEDO）

分類			技術レベル			主な対象バイオマス					規模					アウトプット				
			基礎	実証	実用化	木質系	畜産系	食品系	草本系	その他	数t/日未満	数t/日	数十t/日	数百t/日	数百t/日以上	燃料 気体	燃料 液体	燃料 固体	熱	電気
物理的変換	固形燃料化（チップ化、ペレット化、RDF、ブリケット化、バイオソリッド化）				○	○	○	○	○	○		■	■	■				○		
熱化学的変換	燃焼	直接燃焼				○	○	○	○	○	■	■							○	○
		混焼		○		○	○	○	○	○					■					○
	ガス化	溶融ガス化				○	○	○	○	○			■	■	■	○（都市ガス原料など）		○		○（コジェネレーション）
		部分酸化ガス化		○	○	○	○	○	○	○			■	■		○（都市ガス原料など）		○	○	○（コジェネレーション）
		低温流動層ガス化		○		○	○	○	○	○			■	■		○（都市ガス原料など）			○	○（コジェネレーション）
		超臨界水ガス化	○			○	○	○	○	○			■	■		○（都市ガス原料など）		○		（コジェネレーション）
	炭化	炭化				○	○	○	○	○	■	■						○		
	BDF	エステル化				○	○	○	○	○		■	■	■			○			
	液化	急速熱分解		○		○	○	○	○	○			■	■			○			
		スラリー燃料化		○		○	○	○	○	○			■	■			○			
生物化学的変換	メタン発酵	湿式メタン発酵			○		○	○	○				■	■	■	○（都市ガス原料など）		○	○	○（コジェネレーション）
		乾式メタン発酵		○		○	○	○	○	○			■	■		○（都市ガス原料など）		○		○（コジェネレーション）
	水素	水素発酵	○	○		○		○	○			■	■	■		○（都市ガス原料など）		○		（コジェネレーション）
	ブタノール	ABE発酵	○					○	○					■			○			
	エタノール発酵	糖・でんぷん系、セルロース系		○				○	○	○				■			○			

注：RDF: Refuse Derived Fuel,　BDF: Bio Diesel Fuel,
　　ABE: Acetone, Butanol, Ethan

第Ⅳ章 ▶ バイオマスによるエネルギーの地産地消

表Ⅳ-3 バイオマスのエネルギー変換技術

物理的変換	加熱で木粉または木粉と石炭の混合物を加圧して成形、また、食品廃棄物などを乾燥してペレットに固形燃料（RDF）化する。
直接燃焼	バイオマスを直接燃焼して熱源、電力源として利用する。
混焼	石炭などの化石資源とバイオマスを混合燃焼し発電効率を上げる。
溶融ガス化	バイオマスを熱分解して発生した可燃性ガスで焼却灰を1,300℃以上の高温で溶融処理する。
部分酸化ガス化	バイオマスを部分酸化して生成ガスを製造する。
低温流動層ガス化	バイオマスを低温（600℃程度）でガス化する。
超臨界水ガス化	超臨界水中の加水分解反応で有機物をガス化する。
炭化	バイオマスを酸化剤遮断下で熱分解により炭を作る。
エステル化	植物油や廃食用油をメチルエステル化しBDFを生産する。
液化急速熱分解	急速加熱で熱分解を進行させ、油状生成物を得る。
液化スラリー燃料化	木材を高温高圧の熱水で改質し、炭化して粉砕後、水を混ぜてスラリー化する。
湿式メタン発酵	家畜ふん尿や食品廃棄物の嫌気性発酵でメタンガスを発生させる。
乾式メタン発酵	低水分含量の原料でもメタン発酵させ、処理残さの炭化処理などにより廃液を出さない。
水素発酵	食品廃棄物などを可溶化して生成した水素をメタン発酵と組み合わせることで高いエネルギー回収を実現する。
ABE発酵	糖質系原料から発酵でアセトンおよびブタノールを作る。
エタノール発酵	糖・でんぷん系、セルロース系バイオマスから発酵してエタノールを生成する。遺伝子組換え微生物の利用技術により難分解性である木質系資源の糖化工程の効率化が課題。

メタン発酵技術

● メタン発酵技術が再注目されている背景

　メタン発酵は、酸素がない環境下（嫌気的条件）で、微生物の代謝作用によって有機物をメタンガス（CH_4）と二酸化炭素（CO_2）に分解する生物化学的反応である。また、メタン発酵技術とは、メタン発酵の原理を利用して、生ゴミや有機性排水などのバイオマスを微生物が分解する過程で生じるメタンガスをエネルギー資源として回収・利用する技術といえる。

　メタン発酵技術は、廃水・廃棄物処理の分野を中心に100年以上応用されてきた。近年では、こうした「処理技術」という観点からではなく、地球温暖化防止、循環型社会の形成、新エネルギーの創出、バイオマスの有効な利活用といったさまざまな観点からメタン発酵技術の有用性が再認識されている。

　このようにメタン発酵技術の有用性が再認識されてきたのは、ひとえに「廃棄物からエネルギーを回収できる」というメタン発酵の最大の特徴にあるといっても過言ではない。メタン発酵技術を活用したエネルギーポテンシャルは非常に大きく、廃棄物系バイオマスの三大カテゴリーである下水汚泥（年間約7,600万トン）、食品廃棄物（年間約2,200万トン）、家畜排泄物（年間約9,100万トン）から、年間最大で390万kLの原油に相当するエネルギーの生成が可能である。したがって、メタン発酵技術はバイオエネルギー生産の最有力技術として位置付けられている。

　再生可能エネルギー源を用いて発電された電気を国が定める固定価格で一定の期間電気事業者に調達を義務付けた「再生可能エネルギーの固定価格買取制度」（2012年スタート）において、メタン発酵技術によって発電された電気の買取価格が39円/kWhという高水準に設定されていることは、その証左といえよう。

第Ⅳ章 ▶ バイオマスによるエネルギーの地産地消

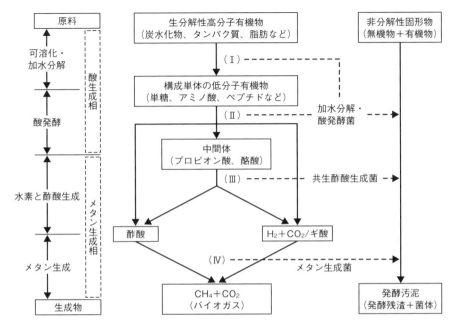

図Ⅳ-6　メタン発酵における物資変換の概要
出典：(社) 全国都市清掃会議「ごみ処理施設整備の計画・設計要領2006改訂版」

● メタン発酵の原理

　メタン発酵における有機物の分解過程は、大きく分けて4つのプロセスに分けられる。
　すなわち、
　① 高分子有機物から溶解性有機性単体（糖、アミノ酸、高級脂肪酸）を生成する「可溶化・加水分解」
　② 溶解性有機性単体から有機酸（ギ酸、酢酸、プロピオン酸、酪酸など）を生成する「酸生成」
　③ プロピオン酸や酪酸などの揮発性脂肪酸から酢酸と水素を生成する「酢酸生成」
　④ 水素や酢酸などからメタンと二酸化炭素を生成する「メタン生成」
の4つに分けられる。
　この4つのプロセスを通じて、バイオマスの含まれる高分子有機物の80～

90%がバイオガス（CH_4+CO_2）に転換され、残りの10〜20%が増殖微生物となって非分解性固形物とともに消化液（メタン発酵残渣）となる。また、タンパク質に含まれる窒素はアミノ酸の分解に伴ってNH_4+の形態で放出される。一方、有機物に含まれるリンは金属イオンと反応して大方は難容性の沈殿物となる。さらに特筆すべきは、嫌気性のメタン発酵条件においては病原性微生物の死滅効果も大きいことである。

メタン発酵で生成したバイオガスの成分はメタンが60%、二酸化炭素が40%程度で安定している。メタンの含有率が高いほど発熱量が高いが、一般的にバイオガスの発熱量は1㎥当たり5,000〜6,000kcalと、都市ガスの5Aから6Aの規格に近く、十分な燃料価値をもつ。

◉ メタン発酵方式の分類と特徴

一般的にメタン発酵方式は、メタン発酵槽へ投入する固形分濃度の違いにより**湿式方式**と**乾式方式**、発酵温度の違いにより**中温発酵**と**高温発酵**に分けられる。

湿式方式とは、固形分濃度を10%前後に調整した後にメタン発酵槽に投入する方式である。生ゴミなどを対象とした場合には希釈水が必要となる場合がある。

乾式方式では、固形分濃度が15〜40%程度のものをメタン発酵槽に投入する。このため、湿式方式と比較してメタン発酵残渣である消化液の水処理設備が小さくてすむ。さらに、湿式では処理しにくい紙ゴミ類の投入も可能である。

中温発酵は、35℃付近で活性するメタン生成菌によって発酵を行う方式である。中温発酵は、高温発酵と比較して有機物の負荷変動やアンモニア阻害に強いが、有機物の分解速度が遅いために容量の大きいメタン発酵槽が必要となる。

一方、高温発酵では、55℃付近で活性化するメタン生成菌を用いる。中温発酵と比べて有機物の分解速度が速いために槽の要領を小さくできるが、負荷変動やアンモニア阻害には比較的弱い。

第Ⅳ章 ▶ バイオマスによるエネルギーの地産地消

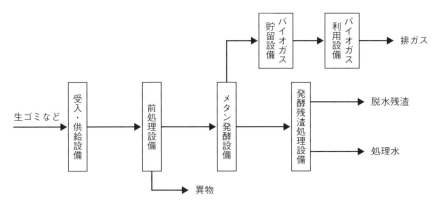

図Ⅳ-7　メタン発酵施設の標準システムフロー

出典：(社) 全国都市清掃会議「ごみ処理施設整備の計画・設計要領2006改訂版」

● メタン発酵施設のシステムフロー

　メタン発酵施設の標準的なシステムフローは図Ⅳ-7のとおりである。

　受入・供給設備は、軽量機、プラットフォーム、受入ホッパ、受入ピット、供給フィーダなどにより構成される。

　前処理設備の機能は、破砕・選別・調質に大別される。破砕・選別されたバイオマスは調整槽（可溶化槽）に移される。調整槽の目的は、後工程のメタン発酵槽へ可溶化・加水分解された原料を定量的に投入することと、酸発酵を促進させることにある。

　メタン発酵設備では、前処理設備から供給される有機物から嫌気性反応によってバイオガスが回収される。メタン発酵槽は嫌気性を維持するために密閉型であり、また熱放散を最小限にするために断熱構造をとっている。湿式方式では、嫌気性微生物と有機物の接触を十分に行うことと、固形物の堆積を防ぐことを目的とした攪拌装置が内蔵されている。乾式では、基質内のガス抜きを目的に攪拌が行われる。

　バイオガス貯留設備は、脱硫装置などのバイオガス前処理設備、ガスホルダー、余剰ガス燃焼装置から構成される。一般に、メタン発酵で生成されるバイオガスには数百から3,000ppmの硫化水素が含まれており、バイオガス利用

設備の腐食防止や大気汚染防止の観点から脱硫装置によってそのほとんどが除去される。余剰ガス燃焼装置は、点検などでバイオガスを利用できない場合に燃焼処理によってバイオガスを大気放出させないための装置である。

　バイオガス利用設備は、発電と熱利用を組み合わせたコジェネレーションシステムが一般的である。また最近では、バイオガスを精製・圧縮して天然ガスと混合させたうえで都市ガスとして利用するケースなども見られる。

　発酵残渣処理設備は、固液分離設備と水処理設備などで構成されている。

　投入するバイオマスの性状（化学組成や種類）によってバイオガスの発生量は大きく異なる。有機性廃棄物1トン当たりのバイオガス発生量（参考値）を図Ⅳ-8、生ゴミからのバイオガス発生量（参考値）は表Ⅳ-4のとおりである。

　バイオガスの利用方法としては、ガスエンジンやマイクロガスタービンによるコジェネレーションによって電力と熱を回収し、所内の電力と発酵槽などの加温のために熱を利用しているケースが多く見受けられる。また、一部では余剰電力を売電しているところもある。なお、メタン発酵を利用した発電については、再生可能エネルギーの固定価格買取制度（FIT 制度）の適用により39円/kWhと高額での売電が可能となっている。また、バイオガス中のメタンを濃縮精製することにより、天然ガス自動車の燃料や都市ガスへの混合燃料として利用しているケースもある。

　メタン発酵処理では、発酵残渣として消化液が発生する。投入バイオマス1トン当たり湿式方式では1〜2トン、乾式方式では0.8〜1.5トン程度発生する。消化液は肥効成分が多く含まれているために、液肥として土壌還元することが望ましいが、還元する農地が近隣にない都市部などでは適切に処理する必要に迫られている。消化液の一般的な処理方法としては、脱水処理した後、脱水残渣は焼却処理または堆肥化、脱水ろ液は放流先の水質基準に適合した処理が行われる。

● メタン発酵の課題

　2013年に閣議決定された「第三次循環型社会形成推進基本計画」では、**地域循環圏**の形成の取組を拡充・発展させ、全国各地において地域循環圏づくり

第Ⅳ章 ▶ バイオマスによるエネルギーの地産地消

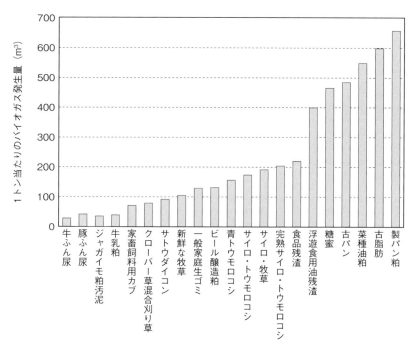

図Ⅳ-8　有機性廃棄物1トン当たりのバイオガス発生量（参考値）
出典：(社) 日本有機資源協会「バイオガス化マニュアル」

表Ⅳ-4　生ゴミからのバイオガス発生量（参考値）

項　目	生ゴミ
メタン発生量	0.35～0.55Nm^3/kg-分解 VS 0.35Nm^3/kg-分解COD$_{Cr}$
有機物分解率 VSとして COD$_{Cr}$として	 75～80% 70～75%
メタン濃度	50～65%

注：VS（強熱減量）：バイオマスを105～110℃で蒸発乾固させたときに残る蒸発残留物をさらに600℃で灰化したときに揮散する物質
　　COD$_{Cr}$（化学的酸素要求量）：バイオマス中の有機物を酸化剤（二クロム酸カリウム）によって化学的に酸化するときに必要な酸素量
出典：(社) 全国都市清掃会議「ごみ処理施設整備の計画・設計要領2006改訂版」

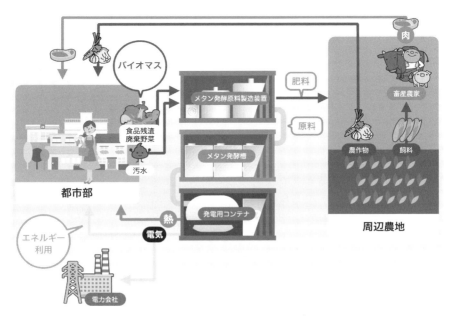

図Ⅳ-9　地域循環圏のイメージ

を具体化させていくことの必要性が明記された。

　この地域循環圏とは、地域で循環可能な資源はなるべく地域で循環させ、地域での循環が困難なものについては循環の環を広域化させていくという考え方に基づいて構築される地域のことを指している。地域の活性化にもつながる地域循環圏づくりについては、それぞれの地域の文化などの特性や地域に住む人と人とのつながりに着目し、また、エネルギー源としての活用も視野に入れて、循環資源をその種類に応じて適正な規模で循環させることができる仕組み作りを進め、地域循環圏の構築事例を積み重ねていくことが重要である。

　全国各地の自治体は、増加し続ける廃棄物とその処理費用の増大に苦しんでいる。一方、農業では、石油やその他の資源価格が高騰するなかで肥料や農業資材のコストアップに苦しみ、それらの一部だけでも自給していく必要に迫られている。また、地域社会は過疎化や高齢化のなかで、経済成長一辺倒の道とは異なるもうひとつの経済社会、すなわち「豊かな地域づくり」を求められている。

第Ⅳ章 ▶ バイオマスによるエネルギーの地産地消

　このような課題を解決するソリューションとしてメタン発酵技術へのニーズは高まっている。

　このようにメタン発酵技術へのニーズは高まっているものの、その普及は遅々として進んでいないのが実情である。従前のメタン発酵ガス化装置は以下のような課題を抱えており、導入へのハードルが非常に高いからである。

　① 直径が数十mにも及ぶ巨大なドーム状のタンク数基からなる巨大な複合施設となる形態となるために、国内では設置が可能な場所が非常に限定されている。

　② 施設設置に関わるコストも数十億円と高額である。

　③ 大量のバイオマスを安定的に調達する必要がある。

　④ 投入前に包装パッケージの分離などバイオマスの分別が不可欠である。

　⑤ 大量の投入バイオマスから生じる多量の消化液を吸収可能な広大な農地、あるいは水処理などが必要である。

　このような事情から、従来型メタン発酵設備は北海道など一部地域での設置に限定されている。

● 超小型メタン発酵ガス化システム

　都市部で発生する有機系廃棄物（生ゴミや食品残渣など）のほとんどが焼却処分されている。しかし、焼却をせずにメタンガスの形でエネルギー回収することができれば、地球温暖化対策になると同時に、ゴミ焼却に関わる行政コストの削減を通じて公金の有効利用にも資するはずである。したがって、メタン発酵技術には大きな期待が寄せられているものの、導入へのハードルの高さゆえに都市部でのメタン発酵技術の利活用はほとんど考えられてこなかった。

　サステイナブルエネルギー開発㈱は、「異分野連携新事業分野開拓計画」（2017年8月28日、経済産業省東北経済産業局認定）に基づいて、経済産業省東北経済産業局から交付された「平成27年度商業・サービス競争力強化連携支援事業補助金」を活用して、同計画に参画している連携企業とともに超小型メタン発酵ガス化装置を活用したシステムを開発した。これはトラックでも搬送が可能な海上コンテナ数個に収まるサイズであり、さらに、都市部の有機系

109

図Ⅳ-10　超小型メタン発酵ガス化装置のデモ設備（宮城県亘理町）

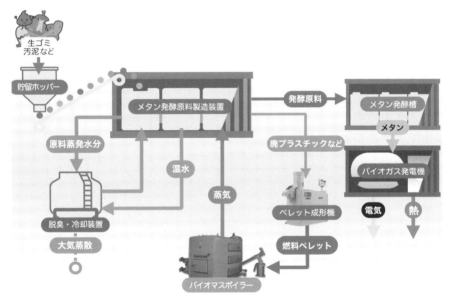

図Ⅳ-11　高速真空発酵システムを組み込んだ超小型メタン発酵ガス化システム

　バイオマスをメタン発酵槽に投入する際に不可欠だった包装パッケージなどのメタン発酵不適物の分離を不要とする前処理設備を備えていることから、都市部でのメタン発酵技術の利活用に道を開くことになった。
　メタン発酵ガス化装置の超小型を可能にしたのは、「メタン発酵前処理設備としての高速真空発酵乾燥システム」である。

第Ⅳ章 ▶ バイオマスによるエネルギーの地産地消

　有機性廃棄物のメタン発酵は、以下の①～③の工程が順次起こることで成り立っている。

①　固形分の可溶化（加水分解）

②　可溶化有機物の低分子化（酸発酵）

③　有機酸またはアルコールからのメタン発生（メタン発酵）

　これらにおいて、①で可溶化されなかった固形物は、②および③工程で利用できない。このことは、「固形物の可溶化」の多寡がメタン発生量と発酵残渣発生量に影響することを示している。

　また、メタン発酵の阻害要因であるアンモニアを前処理工程でいかに除去するかが投入バイオマス単位量当たりのバイオガス発生量を極大化するカギになる。

　そこで、固形分の可溶化とアンモニアの除去率を極限まで高めるために、有機性廃棄物を真空に近い状態まで減圧した容器内に投入、さらに容器内に植菌されたアンモニアなどを好気性条件で発酵処理する3種類の共生菌の働きでアンモニアを除去する技術を採用した。

　この技術を採用することで期待できる効果は以下の通りである。

①　有機物の可溶化率を50％以上にまで向上させるので、従前のメタン発酵システムと比較して投入バイオマス単位量当たりのバイオガス発生量を2倍程度増やすことが期待できる。

②　高速真空発酵の過程で、メタン発酵適物に関しては形状を均一化し、メタン発酵不適物についてはトロンメルなどで容易に分離できるので、包装パッケージの分離などバイオマスの分別が全く不要となる。したがって、「燃えるゴミ」として金属類だけを分離した通常の家庭ゴミをそのままの形でシステムに投入することが可能である。

③　高速真空発酵の過程で投入バイオマスに含まれる水分のほとんどを大気蒸散させるために、メタン発酵残渣である消化液の処分量を最小化することができる。

④　前述の大気蒸散される水分や均一化されたメタン発酵適物の双方ともほぼ無臭である。

　以上の効果が期待できることから、超小型メタン発酵ガス化システムの応用

111

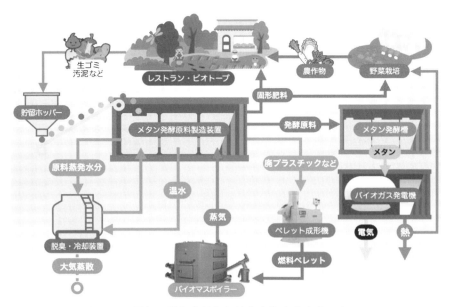

図Ⅳ-12　電気・熱と高付加価値農産物を生産するケース

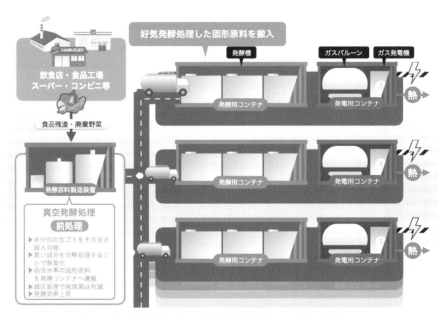

図Ⅳ-13　都市部において分散型電源として用いるケース

第Ⅳ章 ▶ バイオマスによるエネルギーの地産地消

範囲は広い。

(1) 電気・熱と高付加価値農産物を生産する

　地域で発生するバイオマスを利用して電気と熱の形でエネルギー回収する一方で、メタン発酵原料製造装置で生成される発酵原料の一部を固形肥料として活用することで地産野菜を生産する。このケースでは、バイオマス由来の電気・熱・肥料を使って地産野菜を生産するだけでなく、生産した地産野菜の特徴を活かした料理を提供するレストランなどの付帯施設を通じて、より付加価値の高いサービスを提供することを想定している。

(2) 都市部において分散型電源として用いる

　メタン発酵原料製造装置で生成される発酵原料を都市部に移送することによって、有機系廃棄物の搬入が事実上不可能な都市部の都心においてもメタン発酵による発電が可能となる。このケースでは平時においては都心部における「分散型電源」として機能することに加えて、災害発生時などの有事においては発酵原料を備蓄することによって「非常用電源」としての機能も有する。

(3) エコマンション・エコホテルとしての活用

　超小型メタン発酵ガス化システムは、マンションなどの大規模集合住宅やホ

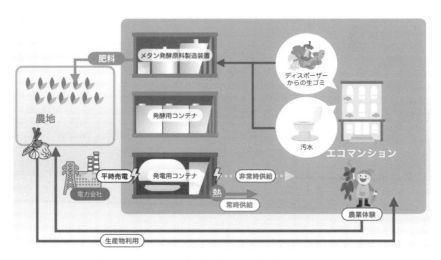

図Ⅳ-14　エコマンションとして活用するケース

113

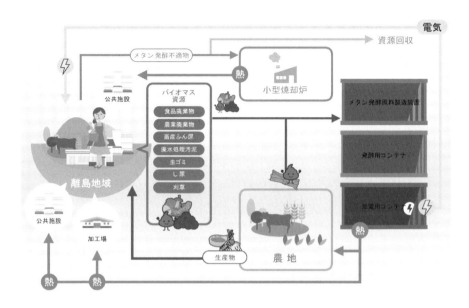

図Ⅳ-15　離島地域で活用するケース

テルにおいて再生可能エネルギーのもつポテンシャルを最大限に活用できる機会も提供している。集合住宅から発生する有機系バイオマスを利用してエネルギー回収を行うことができれば、平時は再生可能エネルギーの固定価格買取制度を利用すれば管理組合などの収入につながるとともに、非常時には共有施設などに給電する「非常用電源」としての機能も有する。また、メタン発酵残渣は近隣の「市民農園」などに良質な肥料を提供することも可能である。

(4) 離島地域での活用

　超小型メタン発酵ガス化システムは、離島地域においてそのポテンシャルを最大限に発揮することが可能である。離島地域では、一般的にゴミ処理設備を備えていないために、有機系廃棄物のほとんどが船で本土に運ばれて処理されている。現時点では本土に運ばれて処理されている有機系廃棄物を利用して、離島でエネルギー回収することによって、行政コストの削減と新たな産業振興という大きな果実を得ることも十分に可能である。

第  章

企業の農業参入と法規制

複雑な農業関連の法規制

　農業用地に関する法律は、EUを含め先進国ではかなり複雑なものだが、とりわけ日本のそれは厄介な印象がある。そこに建築の法律も入ってくるのだからなおさらだ。

　施設系農業周辺の資料類に以下のような文書を見ることがある。

　①「"農地"に建てて農業（＝栽培行為）を行うのに栽培施設が建築上の制約を受けてしまう」

　②「（植物工場等の栽培施設を）"農地"並みの課税にしてほしい」

　これらは、一部は正しく一部は正しくない。

　まず①に関してだが、建築上の制約は国土交通省が管轄する建築基準法によって多くが行われる。この法律においては、農林水産省が管轄する農地法における"農地"との関係を、そもそもほとんど保持していない。よって、こういう解釈は元から成立しない。国土交通省の都市計画法における"都市計画区域"の内か外かによって栽培施設への制約は大きくも小さくもなる。

　②に関しては、栽培施設などへの課税は、主に固定資産税により総務省の下で地方自治体が行うのであり、その際の「農地」「宅地」といった認定は、農地法における農地と関連はあるが、状況判断を主として地方自治体が行う。

　以下に、その例をまとめてみる。

(1) 農業系の法人の"恩典"と"会社"

　農業系の法人が**農地所有適格法人**としてほぼ一元化され、農地を所有・使用できることになった。ただ、補助事業や特別な融資など農水系の"恩典"をすべてが受けられるわけではなさそうだ。現在では株式会社や合同会社でも農業への参入は法的には大きな障壁なしに可能である。ただ、農地の所有や借用に関してだが、法的ではない民事的な"壁"がある。つまり、「なかなか農地を売らない」のである。そのため、一部地域では農地が不足しているという。こういう状況への対抗策としては、「既存の農業系法人とのジョイント」も簡便

第Ⅴ章 ▶ 企業の農業参入と法規制

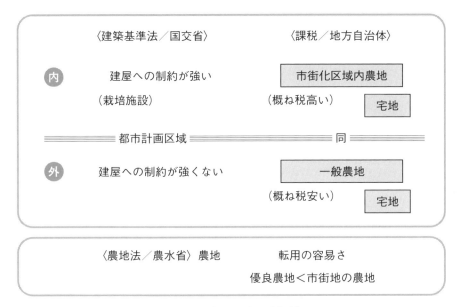

図Ⅴ-1　農業関連の法規制

だろう。そうすれば比較的簡単に農地の所有・使用もでき、農地を借用して行う際に発生する規制をクリアする必要もほぼなくなるのである。

(2) 農地に農業用（栽培）施設を建設する場合の転用と課税

　農地に本格的な農業用（栽培）施設を建設する場合、基本的にそこは"農地"にはならなくなる。つまり、農業用施設用地への"転用"が必要となる。ただ、この転用は宅地などへの転用に比べればかなり容易である。その場合、当然、農地並みではなく農業用施設用地への課税になるが、高額な宅地への課税に比較すると非常に小さいものである。

(3) 建築基準法と施設農業

　農業施設を建てる場合、建築における諸条件が都市計画区域の内（都市的な場所）と都市計画区域の外（農村的な場所）では大きく異なる。"内"では「建築物」となり、建築確認申請が必要である。しかし、"外"では1棟200m²未満（隣接していても連結していなければよい）であれば、建築確認申請は不要となっている。

117

"農地"とは

　2016年に**農地法**その他の改正があったが、農地の定義的な部分において改正はほとんどない。国家の根幹を成す食糧生産に資する「農地」を保全するという前提で作られている。よって、「既存の権益その他を守る」という面が強い。そもそも農地法には、農地を「耕作の目的に供する土地」といった程度しか定義していない。「農地の解釈」というよりも、農地の用途を限定、保全するための、①所有等の制限、②他の用途への転用の制限、を主に決めている。

　農地法が定める農業関係（栽培、畜産など）の土地には、①農地（いわゆる土耕作に供されているもの）、②採草牧草地、③農業用施設用地（施設水耕栽培、畜舎畜産を含む）、④耕作放棄地（これは概ね農地に分類される）などがある。ただ、土地を所有する権利、すなわち所有権についての制限・制約があるのは①、②のみであり、したがって、いわゆる"農地"というのは①、②だけである。よって、①（ときに②の場合もある）から③へは、転用の手続きが必要となってくる。

　農地法では、各種の農地をその"状況"に応じて次のように定めている。

(1)　生産性の高い優良農地

(2)　小集団の未整備農地

(3)　市街地近郊農地

(4)　市街地の農地

　食糧生産地（＝農地）として高い生産量が見込める、つまり「生産性が高い」と想定される順に（1）から農地としてランキングしており、ランクが高ければ高いほど無論、"転用"は難しいが、2017年に方針変更された。

　これに関しては、「優良農地を確保するために、農地の優良性（＝生産性）や周辺の土地利用状況等により農地を区別し、転用を農業に支障が少ない土地に誘導する」、「投機目的、資産保有目的での農地の取得を認めない」というような理由で転用制限をしている。

第Ⅴ章 ▶ 企業の農業参入と法規制

(1) 生産性の高い優良農地

(2) 小集団の未整備農地

(3) 市街地近郊の農地

(4) 市街地の農地

図Ⅴ-2 各種農地の状況

農業系法人と会社農業

　このところの農業についての話題となると大きい部分を占めるのは、「企業の農業参入」である。特に異業種の大企業の農業参入が喧伝される。実際のところ、もともと農業系ではない“会社”の農業への参入は、以前に比べかなりやりやすくなっているのは事実である。特に2016年の法律改正以降は一層である。

　農業における法人・業務集団にはいくつかの種類があり、これらの解釈が各々やや難しい。

　農家（＝農民）の集団（比較的小さな場合が多い）を農事組合法人といい、“農地”（農水省の農地法の定めるところの農地）を所有できる法人を農業生産法人といっていたものが、農事組合法人と会社系法人も含め**農地所有適格法人**にほぼなった。また、市町村などの“農業委員会”が許可した農家（農民、ただし法人の場合ももちろんある）を**認定農業者**という。認定農業者がこの法人の前提となる場合はあるにはあるが、基本的には認定農業者と農地所有適格法人は異なるものと認識しても大きな間違いではない。

　そもそも農家・農民についての定義は農地法にはない。いや、正確かつ、きちんとした定義はほとんどないといっていい。「農業に従事する個人を農家（農民）という」くらいの記述が農協法（農協に関する法律）に見られるのと、所得税法に農業所得が定義されている程度である。

　実際のところ、旧・農事組合法人というのは、上記のように厳密には定義されていない“農家（農民）＝農業に従事する”が3名以上集まり、市町村に届け出て認められたもので、集団としての権利、義務、そして、受ける恩典（補助事業なども含めてこう呼んで差し支えなかろう）は大きくはなかった。その字面よりも軽いものであった。

　現在では、農業の法人は農地所有適格法人にほぼまとまった。これは、農地法で認められている“農地（採草牧草地を含む）”における権利取得をしてい

120

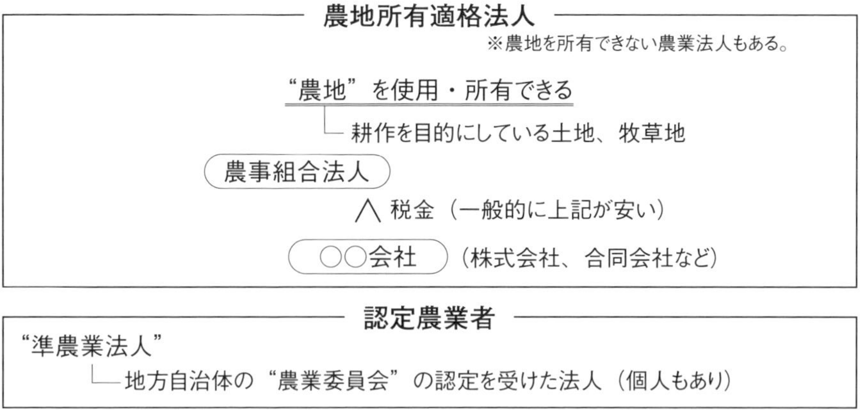

第Ⅴ章 ▶ 企業の農業参入と法規制

農地所有適格法人

※農地を所有できない農業法人もある。

"農地"を使用・所有できる
└── 耕作を目的にしている土地、牧草地

（農事組合法人）

∧ 税金（一般的に上記が安い）

（○○会社）（株式会社、合同会社など）

認定農業者

"準農業法人"
└── 地方自治体の"農業委員会"の認定を受けた法人（個人もあり）

図Ⅴ-3　農業における法人・業務集団条件

る、すなわち"農地"を「使う権利」と「所有する権利」を保持している法人
である。ただし、この系の法人には農地を所有できない法人もまだあり、設立
などにおける規制に違いがある。いずれにせよ、これに新たに認定されること
は、民事的にはともかく、難しいことではなくなった。

　前記のように、農業所有適格法人の前提になる場合が多いのが認定農業者で
ある。これは、農業改善計画を作成して当該自治体の農業委員会の認定を受け
た法人・個人（農事組合法人や会社も含む）をいう。その"恩典"からみても
"準農業系法人"といっても過言ではないだろう。

　こうしてみると、「一般的に農業はなかなかできない」といった印象を一瞬
もってしまう。しかしながら、現在の改正された法律では、普通の会社でも農
業は十分にできるし、農地所有適格法人になりやすくはなった。

　こうして見ると、株式会社などを含めて農業参入は一見簡単になったといっ
ていい。農業ベンチャーの活発化は、このことが大きな背景となっている。し
かしながら、一般的に日本の農業用地は区画が小さく所有が細分化されてい
る。また時限的補助金などの事由もあり、公的な**農地中間管理機構**（農地バン
ク）もあるにはあるのだが、個別地主からの実際購入・借用は面倒なケース
（主に地代の件）が多いということをあえて付記しておく。

121

農地転用の留意点

● 大きく変わる転用の許可

　2017年に農地法に関する改正の方針決定がなされ、後述する"原則転用不許可"であった「農用地・区域内・農地」と「第一種農地」が"原則転用許可"されることとなった。これは、例えば高速道路のインターチェンジ周辺や市街地に比較的近い場所などビジネス環境に優れていると思われるところに物流拠点や商業施設などの設置を促進させることが主目的での改正である。元来の農地法の概念が崩れるわけではないので注意は無論必要だが、農地の転用がほぼ可能になったと言っていい。

　もともと農地の住宅地や農業施設用地など他用途への転用許可は、優良な食糧生産地を確保するためと投機や資産保有を抑制するため、新規の農地取得と並んで制限されている。ところが、これがかえって補助金目的の生産性の低い農地保有などを助長させ、新規の就農などを阻んでいることは遺憾である。

　ただ、いずれにせよ、「転用抑制」という、いわば行政サイドの考えを頭に置き、農地の転用を考えてみたい。

　先に記したように、農地はその状況によって、(1) 生産性の高い優良農地、(2) 小集団の未整備農地、(3) 市街地近郊農地、(4) 市街地の農地、の4種類に分かれる。それらが、いうならば「農地の転用の許可の前提」となる「農地区分」という区分に区分けされる。

　(1) 優良農地は、

　① **農用地区域内農地**：市町村の農業振興地域整備計画で農用地域とされた区域内の農地

　② **甲種農地**：市街化調整区域内（後で記すが、概ね非市街地的場所）の農業の公共投資が行われて8年以内の集団農地（大きな農地）で高性能機械が使えそうな場所

　③ **第一種農地**：農業公共投資対象の10ha（10万m²）以上の集団農地（大き

第Ⅴ章 ▶ 企業の農業参入と法規制

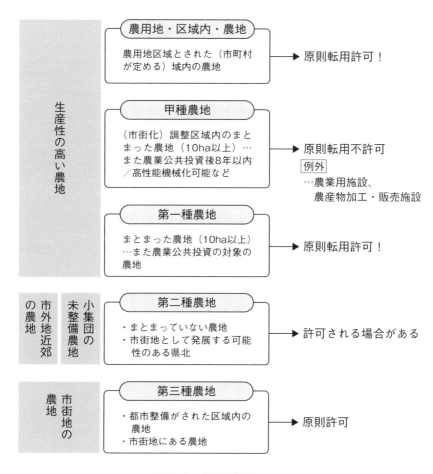

図Ⅴ-4　農地の転用

な農地）で生産力の高い場所

の3つに区分けされ、転用は②が原則不許可、①、③は原則許可へと変わる。

ただし、②については例外許可があり、栽培施設（植物工場を含む）などの農業用施設、農産物加工販売施設は、農業施設用地への転用が許可される場合がある（その他公共の土地収用関係、地域農業振興の公共系施設は例外許可対象）。つまり、「農地」の「農業用施設用地」への転用は、挑戦する価値のあるものなのである。

123

上記の（2）、（3）、（4）は、

④ **第二種農地**：農業の公共投資の非対象の小さな農地で、市街地に発展の可能性のあるもの

⑤ **第三種農地**：都市的整備がされた場所の農地・市街地の農地

の2つに区分けされ、農業用施設用地のみならず、宅地転用を含めて概ね許可される。

したがって、農地の転用に関して俎上に上げるべきなのは、（1）の優良農地の②ということで、これらには上記の"例外"があるのである。

◉ 農業用施設用地の解釈と転用

ここでは"転用の例外"、特に「農地から農業用施設用地への転用」について見てみたい。

繰り返すが、ここでの「農地」とは、農地法（農林水産省）でいうところの農地ということである。ちなみに「農業用施設」とは、ほぼ「農産物生産施設」のことであるが、農地法においては農業用施設の明確な定義はなく、"解釈、運用"ということになる。

農業用施設が立っている用地が農地なのか農業用施設用地なのかについて結論から述べると、以下のようになる。

①「ガラスハウスその他の比較的堅牢な空間建屋（ビニールハウスなど簡易な素材の空間建屋は無論、その範囲内）でも、空間内で土がほぼそのまま出ていれば農地に当たる」

　※空間内の土に簡易シートが敷かれた場合、露出した土の面に台・棚を設置して何らかの栽培を行う場合は農地の範囲内である。

　※容易に取り外し可能と見なされた場合、ガラス以外の素材で建てられている場合でも、内部の土が露出していれば、一般的には農地の範囲内である（例外も多くなるので、注意と入念な調査が必要）。

　※栽培に供する通路・進入路部分、機械設備などの設置部分は、他用途への利用がない限り、この部分は農地の範囲内となる。

②「比較的堅牢な空間は言うに及ばず、簡易な素材の空間建屋であっても、

124

第Ⅴ章 ▶ 企業の農業参入と法規制

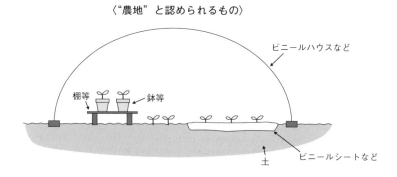

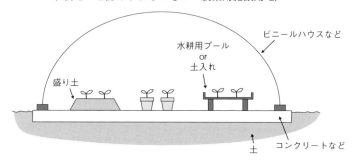

図Ⅴ-5 農地として認められるものと認められないもの

コンクリートなどで地固めしていたら農業施設用地への転用が必要、つまり農地にはならない」

※栽培に供さない機械設備などの設置部分、独立性の高い倉庫、事務所、農作物販売所・付属の駐車場などの部分は農地の範囲外である（農業施設用地への転用が必要）。

③ また、2a（200m^2）未満の農作物育成や養畜（家畜飼養）に供する農業用施設（上記②のコンクリート地固めがあっても）がある場所は、農業用施設用地への転用は不要（農地のままでよい）。これは"例外事項"である。

ちなみに、国・都道府県・市町村、高速道路関係、電力会社などの電気事業者などの転用は非常に容易に行えるということを、あえて記しておきたい。

125

農業用地にかかる税金

当然のことながら農業用地にも税金はかかるのであるが、かなり優遇されているのは事実であり、上手に解釈をして行動する必要はある。

● 用地の区分

農業にかかる税といえば、対売上げや対所得などを除けば、固定資産税の類が主であろう。前にも記したように、これは総務省の系統による市町村など地方自治体が徴税するもので、国税との関係はない。また、農地・農地法とは関連はするが、それは大きいものではない。

用地の区分は、まずは、宅地とその他用地、と農業系の用地、に大別できる。

(1) 宅地：家屋その他に供している土地

(2) 雑種地：耕作放棄地を含む休耕地など

(3) 農業系の用地

(3) の「農業系の用地」を区分すると、

① 農地：主に施設によらない肥培管理（栽培行為）が行われている用地

② 介在農地：主に宅地周辺にある農地で、外見上は農地だが農地から宅地への転用（農地法による）が確実と思われる（確認できる）用地

③ 農業用施設用地：ビニールハウスなど農業用施設が立っている用地
となる。

さらに「農地」を区分すると、

① 都市計画区域の外の一般農地

※「都市計画区域の内と外」（国土交通省関係）に関しては後に記すが、同区域は全国土の約26％である。したがって、約74％は「都市計画区域ではない」となる。

② 都市計画区域の内の農地（「一般農地」とは呼ばない）
となる。

第Ⅴ章 ▶ 企業の農業参入と法規制

　さらに上記②の「都市計画区域の内の農地」を区分すると、
　ⅰ）調整区域内の農地　（※調整区域：近々に市街化しないよう"調整"している区域）
　ⅱ）市街化区域内の農地　（※市街化区域：概ね10年以内の市街化が目論まれる区域）
となり、さらに上記ⅱ）「市街化区域内の農地」を区分けすると、
　・一般の市街化区域内の農地
　・東名阪3大都市圏の市街化区域内の農地
となる。大変複層的になっている。

● 地目認定

　「評価と課税」の前に、「宅地」「農業系の用地（というか農地等）」と、当該自治体の徴税セクションが、その用地の**地目認定**をすることになる。これには

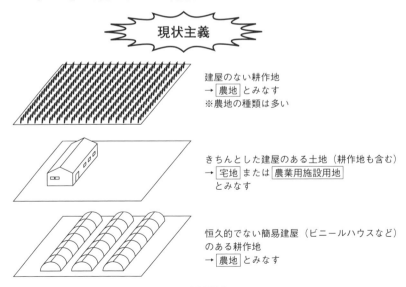

図Ⅴ-6　地目認定

127

"現状主義"という考え方が用いられる。

　つまり、"家屋"（建築物とほぼ同義）が建っていれば、「宅地」、「農業用施設用地」、その他となり、家屋がなく肥培管理（栽培行為）が行われている土地ならば、農地（場合によっては農業用施設用地）となる。つまり、ここでは家屋の定義が重要になるのだが、家屋とは地方税法で「住家、店舗、工場、倉庫その他の建物をいう」とされ、「登記簿に登記（これは法務局の扱いで地目認定とは本来異なるのだが、ここではほぼ同様と強引にみなし、特別の言及はあえて行わない）されるべき建物をいう」と定義されている。

　そこで、肥培管理（栽培行為）に用いている簡易的なものを含む何らかの建屋が「家屋かどうか」が問題となる。だが結局のところ、ここは農地法の考え方と類似性があり、また差異もあるのだが、恒久的な資材（耐用年数の長いもの。ガラス、透明の硬質の樹脂類も含む）で形成された建屋は家屋や農業用施設と認定され、宅地または農業用施設用地などに対する評価・課税が行われる算段に進んでいく。農地法においては「建屋内の土の直接露出等」によって「農地」「農業用施設」と峻別していた。だが、地目認定においては"土"ではなく、建築素材、建築法に主に由来する建屋の堅牢性・恒久性を見ようとする。「土が露出していても」恒久的とみなした建屋は家屋や農業用施設と認定するのである。農地法における解釈よりも合理的なように思われる。

　ちなみに、後に記す建築基準法においては、また少し解釈が異なるので注意が必要である。

◉ 用地の評価と課税

　用地の評価と課税に関しては、"関係が深い別々の事象"と捉えるべきであろう。

　自治税務関係の冊子などを見てみると、「宅地評価・宅地課税」のような表現に当たる。これは、「当該の地所などに宅地（並み）との評価を下して、宅地（並み）に応じた課税を行う」という意味である。よって、「宅地評価・農地課税」＝宅地との評価を下して農地に応じた課税を行う場合ももちろんある。

第Ⅴ章 ▶ 企業の農業参入と法規制

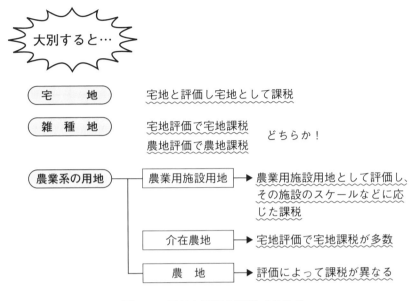

図Ⅴ-7 用地と評価と課税（その1）

　特に宅地の場合、評価および課税の額は主に立地に由来するその土地の価値によって異なってくるのだが、「宅地→農業用施設用地→農地」、の順で最終税額を想定した評価は下がり、無論、税金の額も低下してくる。つまりは「宅地の税金は農地の数十倍などと高く、農地の税金は宅地の数十分の一などと安い」ということなのだが、このことへのこれ以上の言及はケースの数も膨大に上ることもあり不要だろう。

　実際の公式的な「評価」と「課税」を見てみる。
　① 宅地：宅地と評価して宅地に応じた課税を行う。
　② 雑種地（休耕地などを含む）：宅地評価で宅地課税、農地評価で農地課税、どちらかが多数だろう。
　③ 農地
　・都市計画区域の外の一般農地：農地評価で農地課税（税額がもっとも安い）。
　・都市計画区域の内の市街化区域内の農地：宅地評価だが農地に応じた課税（安い）。

129

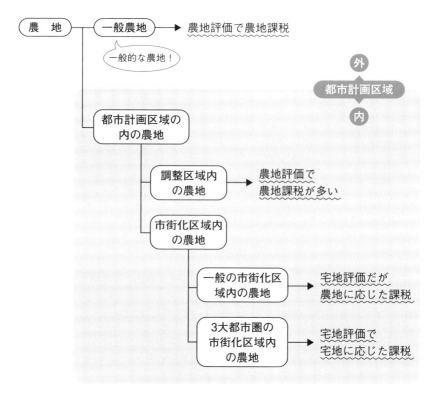

図Ⅴ-8　用地の評価と課税（その2）

・都市計画区域の内の調整区域内の農地：農地評価で農地課税が多い（税額安価）。
・3大都市圏特定市の市街地化区域内の農地：宅地評価で宅地に応じた課税。
④ 介在農地：宅地と評価されて宅地の課税が行われるケースが多いだろう。
⑤ 農業用施設用地：農業用施設用地と評価、農業用施設に応じた課税。

農業用施設用地の評価の方法であるが、農地に土地造成費等相当額を足したものが評価の対象となるので当然、高額にはなってくる。

施設農業と建築基準法

　特に施設農業においては**建築基準法**が付いて回ることになる。この解釈その他で設置に関わる費用を含め、投入資金が大きく変わったりする場合が多いのである。

　詳細は後述するが、大まかな話を最初にしてしまえば、「何かで作られた建屋のようなものの床部分が、土がむき出しか、そうでないか」によって大きく分かれる。つまり、ここが最大のポイントのようである。

　農業を行う場合、前記のように栽培用地の借用・取得など用地への制約、法人に関する制約、税など、多くのバリアがあるが、耕作用地での単純な土耕栽培を行う場合の制限・制約はこれでほぼ全てである。しかし、何らかの施設を建てて行う農業に関しては、建築基準法に従うことになる。繰り返すが、これは農地法や地方税などとは直接の大きな関係はない。

　建築基準法は国土交通省の法律であり、建築物などの不適当な乱立を防止する、といったコンセプトをもっている。そこでは都市地域か非都市地域かが大きな問題であり、それによって建築制限の度合いも異なる。一般に「その当座の局面によって厳しくも緩くもある」のだが、「都市では厳しく、田舎では緩い」というのがほぼ適切な表現といっていい。

　こと農業に関しては、都市か田舎か、つまり都市地域の定義的な意味合いをもつ「都市計画区域」の内か外かが大きな問題となる。

　都市計画区域は全国土の約26%、非都市計画区域は約74%となる。しかしながら、東京都では島嶼部や奥多摩地域などを除く約90%以上が都市計画区域、つまり一部を除いたほぼ全域が都市計画区域であるが、田舎の町村では90%以上が非都市計画区域ということも多いという。したがって、当該の自治体によってその比率は大きく異なるのであり、極論だが農村地域の大半は非都市計画区域といっても過言ではないだろう。繰り返すが、地方税による「一般農地」は"都市計画区域の外"と決められている。

131

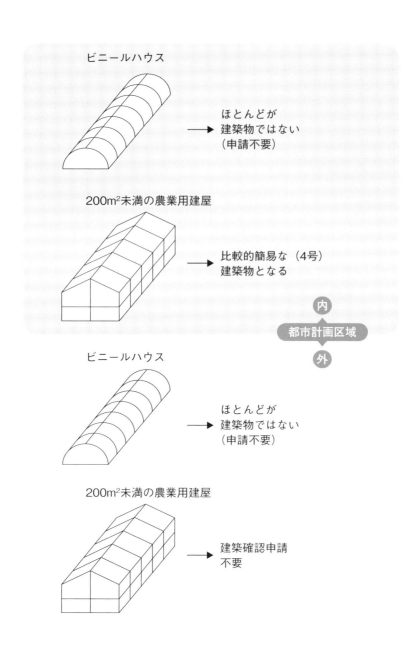

図Ⅴ-9 農業施設の建設確認

第Ⅴ章 ▶ 企業の農業参入と法規制

例外もあるので注意は必要だが、概ね下記のようなケースになる。

(1) 都市計画区域の内

・ビニールハウスの例外

屋根、壁面が取り外し容易なビニールハウスは本来は建築物なのだが、今までの実状なども含め、建築物と認定しない自治体がほとんどである。よって、建築基準法による「建築確認申請」は不要である。

・建屋の場合

200m^{2}以上の場合、建築物として何らかの建築確認申請が必要。200m^{2}未満の栽培施設の場合、比較的簡易な申請の「4号建築物」として扱われる。より都市化の進んだ地域では、「屋根不燃化区域」「防火区域」などに該当することがあり、その場合、防火・不燃などへの高度な対応が要求されてくる。敷地の接道（敷地が何らかの道路に接している）義務が発生する。

(2) 都市計画区域の外

・ビニールハウスの例外

都市計画区域の外でも当然、同様に建築物と認定しない自治体がほとんどである。よって、建築基準法による「建築確認申請」は不要である。

・建屋の場合

単体200m^{2}未満の施設は、建築基準法の制約は受けない（建築確認申請は不要）。各建屋が隣接していても、通路などで接続されていなければ「200m^{2}未満」となり、建築確認申請は不要となる。敷地の接道義務は発生しない。

いずれにせよ、建築の場合はあくまでも"建築"ということになり、地方自治体の農業関係のセクションが原則相手ではなくなる。そのことへの注意は必要となろう。

言うまでもないことかもしれないが、農業施設を扱っている企業や、そこに付帯的に活動している設計事務所のような企業、コンサルティングには、そのあたりに精通している人がいることが多い。また、自治体の当該担当が紹介してくれる場合もある。こうした人々とやり取りをしながら行うのが大切なようである。

133

大都市にはほとんどない
農業で受けられる補助・助成

　東京23区内などでビジネス活動をしているとほとんどご縁がないのが、**補助・助成**という"お金"である。人口減少に苦しむ地方、特に食・農の分野には、こうしたものが結構ある。

　米・畑作物、畜産の生産者へ赴くと、「これ（各種の生産設備のことを指す）は半分補助金で作りました」という発言をよく耳にする。

　経済産業省中小企業庁をはじめとして、研究開発を中心とする製造業に対しても各種の補助金・助成金が存在し、一部の"補助金・助成金獲得に長けた企業"がこれらを専ら活用している。国土交通省の建設業向けの庇護も"手厚い"と聞く。しかし、農業に振り向けられているそれに比べれば、これらの額は少ない。農林水産業には、様々な補助金・助成金（例：1/2補助、つまり、補助金、自己資金が半々ということ）および、それに類する制度などが存在している。大まかに以下のようなものがある。

① 国系（農林水産省や外郭団体）の補助・助成事業

② 農協（農業協同組合）系の補助・助成事業

③ 政府系金融機関の低利融資

④ 都道府県の補助・助成事業

　一般的に①と②は併用の場合が多いという。

● 国系・農協系の補助・助成事業

　農林水産省ホームページの補助事業系のページを繰っていくと、非常に多くの上記事業群が出現する。その一つのある実証支援事業（導入支援事業）を見ると、「事業実施主体」にこうある。

　「都道府県、市町村、地方公共団体の一部事務組合、土地改良区、農業協同組合（農協）、農業者（第3項の農業系法人を参照）等の組織する団体等であって、（中略）が別に定める要件を満たすものとする」

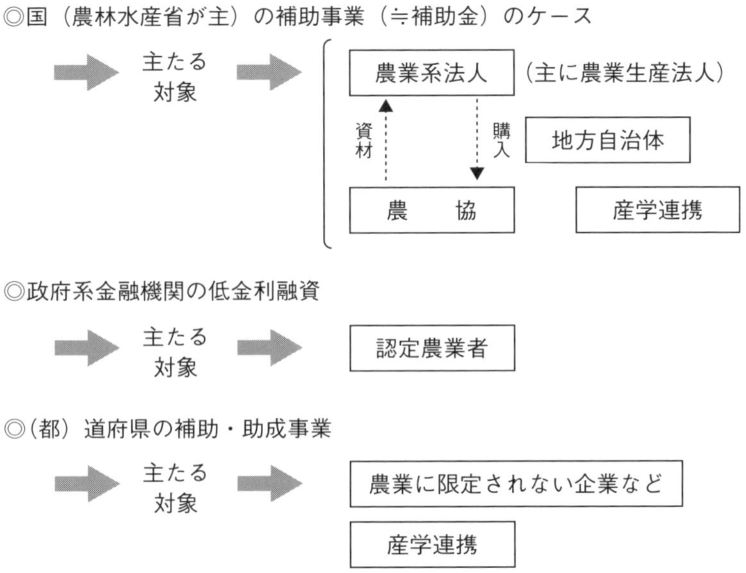

第Ⅴ章 ▸ 企業の農業参入と法規制

◎国（農林水産省が主）の補助事業（≒補助金）のケース

主たる
対象 ⟹ 農業系法人 （主に農業生産法人）

資材 ↑ 購入 ↓ 地方自治体

農 協 　産学連携

◎政府系金融機関の低金利融資

主たる
対象 ⟹ 認定農業者

◎（都）道府県の補助・助成事業

主たる
対象 ⟹ 農業に限定されない企業など

産学連携

図Ⅴ-10　補助事業の種類

　つまり、農業系法人、農協、自治体の混成部隊ということになる。ということは、そうでない全く一般の株式会社（農業系法人の会社は別）などは応募の資格がないということになる。これらへの"優遇"というか、これらのための事業といっても過言ではないだろう。

　例えば、畜産業者（肉牛）で牛舎3,000万円、素牛3,000万円、計6,000万円の投資金の約半分が補助（無論、返還義務なし）ということはある。こうした場合によく指摘されることは"金額（投下資金）"の増大である。主に農協系には「補助事業規格」というものがあり、設備・機器・資材は農協系を通しての購入がほぼ義務付けられている上に、規格順守によって必要以上に立派になり（双方によって当然、金額はかさんでくる）、結局は"高く付く"というものである。補助が取れたら取れたで厄介というべきこともあろう。

● 政府系金融機関の低利融資

　政府（農林水産省）系当該分野の金融機関に日本政策金融公庫があり、その

135

農林水産事業本部には低利の融資制度が存在する。その筆頭に**スーパーL資金**（農業経営基盤強化資金）なるものがある。前記の認定農業者（農地所有適格法人などは、この認定を受けている場合が多い）が受けられる特別な融資システムである。

　認定農業者をやや詳しく見てみると、農業経営改善計画（経営計画のようなもの）を作成して市町村長の認定を受けた、簿記記帳を行っている（帳簿記入をして決算をしている）個人・法人とある。この"認定"の前提として、当該市町村での農業基本構想と特別融資制度推進会議の設定がある（設定がなければ働きかけて作ってもらい、そこで諮ることになる）。

　この認定農業者になり、無事に審査をパスすれば一般金融機関よりはるかに低い金利（ケースによって異なる）で、最長償還（返済）期間25年、据え置き（元本の返済が始まるまでの）期間10年以内という条件で、農業用地の取得改良、設備・機械購入から負債の整理、他法人への出資まで、およそ農業という分野内なら制限なく活用できる融資資金を取得することができる。

　しかし、これはあくまでも融資であるので無論、返済しなければならないことと、審査は厳しく結局は担保や個人保証が求められるなど、ほぼ"もらう"形の補助事業などとは大きく異なるのである。また聞くところによれば、据え置きは2〜3年、返済は10年以内が多く、「一般的な融資よりはマシ」という意見もある。ただいずれにせよ、"マシ"なのは間違いない。融資限度額は法人で概ね5億円というから、なかなか大きい。

● 都道府県の補助・助成事業

　国・農協系の中に都道府県が組み込まれる場合は多いのだが、都道府県独自の補助・助成事業も当然ある。これは農業系専らというよりも研究・開発関係を含む場合が多数という。いわゆる「○○○○モデル事業」などがこれで、ほぼ都道府県の予算を執行する。

　この場合、市町村の農林水産の担当が導入となって都道府県と折衝することが多いのだそうである。"担当"との密なるコミュニケーションが重要なのである。

第Ⅴ章 ▶ 企業の農業参入と法規制

［1］ 利用対象

＝認定農業者（農業経営改善計画を作成して市町村長の認定を受け
　た個人、法人）
　※個人の場合、簿記記帳を行っていること、また今後行うことが
　　条件となる。
　　（個人保証、担保要）

［2］ 資金の使い道

……経営改善計画を作成し、市町村を事務局とする特別融資制度推
進会議の認定を受けた事業に限る。

　　農地など　　＝取得、改良、造成

　　施設、機械　＝農産物の加工・処理施設、店舗などの流通販
　　　　　　　　　売施設も対象

　果樹、家畜など＝購入費、新植・改植費、育成費も対象

　その他の経営費＝規模拡大や設備投資などに伴って必要となる
　　　　　　　　　原材料費、人件費なども対象

　経営の安定化　＝負債の整理（制度資金は除く）なども対象

　法人への出資金＝個人が法人へ参加するために必要な出資金な
　　　　　　　　　ども対象

［3］ 融資条件

1：償還期限＝25年以内（うち元本の据え置き期間は10年以内）

2：融資限度額＝個人1.5億円、法人5億円
　　　　　　　　※特別認定で個人3億円、法人10億円まで

3：金利＝ケースによる

図Ⅴ-11　スーパーL資金

☆　　　　☆

　以上いずれにせよ、まず当該市町村などの"担当"との折衝、コミュニケー
ションは何より大切で、そこが第一歩であり、また優良な助言者（民間の事業
者も多い）の存在も無視できない。さらに繰り返すが、"農業系"に有利なの
は仕方がないだろう。

137

農業参入のための資金調達方法

　東京都などで一般に企業を営んでいるとあまりピンと来ないのだが、地方における食や農に関するビジネスの場合、その資金の調達方法は非常に多様なものがある。

地方自治体関係

　地方自治体関係には、一般に「事業」などと称する補助金の類だけではなく、様々な情報や調達ルートがある。地方自治体が抱える問題といえば、農業人口の減少という農業に限定されるものではなく、人口減少そのものである。つまり、それを食い止める移住・定住の促進、雇用の創出などには、「ヒトもカネも投入する」というのが錦の御旗である。そのため、ここには大きな予算がある場合が多い。

　性格の違いはあれ、ほとんどの都道府県には「○○産業支援機構」とか「中小企業○○」といった組織が財団か何かの形で外郭として存在している。本来、これらは製造業を中心とする産業振興が目的であり、農業そのものへの資金ということにはならないが、「6次産業化」という観点であれば、無関係ということにはならないはずである。また、「○○研究開発○○」といった補助金的資金を導入している企業・団体もあったりする。ここでは、地元の有力地方銀行が介在していることが多い。ちなみに、こうした資金は投資的資金が多い。

地方銀行

　銀行によって濃淡があるが、食農その他の地域の産業振興に熱心な地方銀行も多い。単に融資云々だけではなく、地銀の多角的な活用が重要となってくる。中には、ベンチャー・キャピタルを子会社で保持している銀行もある。

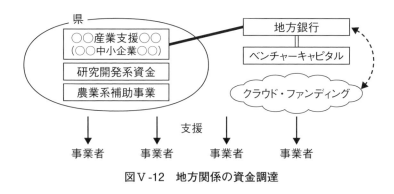

図Ⅴ-12　地方関係の資金調達

中小企業基盤整備機構

産業振興が目的であるが、上記と同様に食農という観点からの資金活用ということは十分可能である。県の外郭との連携が取られる場合もある。

官民ファンド

経済産業省の「産業革新機構」をはじめいくつかあるが、農産物の加工・販売を支援する「農林漁業成長産業化支援機構（A-FIVE）」、海外展開を支援する「海外需要開拓支援機構」の2つが関係ファンドである。特に前者は6次産業化そのものに適合している。産業革新機構でも一次産業関係への投資が若干だが行われるようになったという。いずれにせよ、研究開発フェイズから次のフェイズ、すなわち事業化一歩手前位の案件がフィットするように思われる。

クラウド・ファンディング

広く一般から資金を募るファンドで、「クラウド・コンピューティング」に似た概念である。6次産業化を中心にこの購入型のファンディングが利活用されている。比較的小口が得意な所と少し大きな金額が得意な会社など、ファンド会社のタイプと当該法人の商品やサービスの性質、当然目標金額などに応じて金額の大小の振れ幅が大きくなっている。利用には少しのリサーチが必要である。また、ここでも「地方銀行からの紹介がきっかけで」という話は時折り耳にする。

第  章

農産物の
流通イノベーション

農産物流通の問題点

　農産物に限らず日本の流通は概ね複雑である。正確には、"複雑"というよりも関わっている事業者の数が非常に多数に上るということである。これは、「市場システム」と呼んでもいいのではないかと思う。

　この「市場システム」における関係事業者数の数では日本は世界でもトップクラスであると言っても間違いではない。この一番の問題点は、農家などの生産者が潤わないことである。ましてや野菜は、最終小売価格とはいえ決して高価なものではない。不当とは言わないまでも、この小売価格の低さと関係者数の多さ、そして高い天候依存性が"潤わない"原因の多くを占めているのではないか。生産者より流通者や消費者の方向を向いたシステムではないかと思う。

　もはや毎度のことだが、天候不順が起こって野菜が高騰すると大きく報道される。実際、3年くらいのスパンで見てみると、例えばレタスの市場相場は最高値が最安値の4倍を超える場合もある。しかし、一般小売におけるレタスの価格がこのような大きな振れ幅で振幅しているかといえば、一時の急上昇はあるにせよ、それは少ない。そこには「市場システム」の機能があるからだ。

　市場の代表格である東京都の約半分、全国の10%近くを扱うといわれる日本最大の青果市場、東京都中央卸売市場大田市場には、青果分野において大卸4社、仲卸約120社があり、大卸が全国数百の産地（業者など多種類）から仕入れ、仲卸がそれらを流通業者（スーパー、販売会社など）に広く販売するというシステムが存在する。すなわち、大田市場扱いのものはほぼ必ず大卸を経由することになる。

　こうした「市場システム」の欠点は、最終小売価格が農家の出荷額の数倍から時に十数倍に及ぶことであり、農家に価格決定権が存在しないことである。一方、利点は、このシステムがバッファーとなった最終（小売、卸売り）価格の安定性である。つまり、このシステムを一概には否定できない。ただ、農家の収入増大化を主とした農業振興のためには、このシステムへの全面的な依存

第Ⅵ章 ▶ 農産物の流通イノベーション

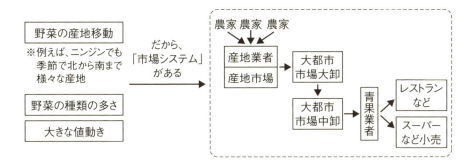

図Ⅵ-1　農産物の「市場システム」

図Ⅵ-2　東京都中央卸売市場大田市場

は好ましくなく、生産者（農家）の"自主的流通"、宅配事業も含めた様々なシステムの機能の活発化がいっそう求められる。

　IoT導入が生産者の大規模化そして上記のことを大きく促進させることが期待される。ただ、あらゆる食品の業界・流通の複雑・複層性は、一部では著しい変化はしているものの、大方は変わる気配がない。"生産者からなるべく直送"されるようなシステムがどんどん普及しない限り、農家の所得は大きく変わらないだろう。

重要性を増す農産物流通・加工企業

　日本全国における野菜の総卸売額は、農林水産省の青果物卸売市場調査によると2016年度には2兆3,385億円程度である。野菜の用途別需要量は、業務用（外食・中食用）と家庭用（小売用）がそれぞれ4割程度とほぼ同じくらいで、残りが加工原料用（加工食品など用）となる。"野菜"というとスーパーなど小売の店頭を想起される方が多いようだが、このように業務用市場は意外と大きい。そして、外食などの業務各社が商品（メニュー）に変えて、付加価値を付けて販売している。これはより大きく、最終販売価格は3倍程度となろう。

　また、言わずもがなの人口減少や高齢化、就労化の促進などによって、日本の食農のマーケットは縮小中である。これは農産物に限った現象ではないが、特に中食市場の進展によって一次商品の最終消費の落ち込みが大きく、これに比べれば加工原料用つまり業務用商品の落ち幅の方が小さいことは自明の理である。"伸びしろ"とまでは言えないが、業務用の方がまだまだ希望はある。そうすると、市場全体の中で有利になってくるのは、比較的規模の大きい農産物流通の事業者であり、特に加工機能も備わっている所、そうでなくとも加工と連携が取れている事業者へのニーズは高くなるだろう。

　ちなみに、こうした事業者の原料（農産物）調達先は、何も「市場システム」からだけでは当然ない。契約農家、地場の農業事業者などからの"直送"の形態もかなり多いという。このことが全体的なコストを下げ、事業者の寡占化を進め、悪い面もあるかもしれないが農業の変革を後押しするだろう。

　もちろん、中食はともかく近代的な外食産業はアメリカで大きく発達・発展した。諸説はあるが、店舗内一貫加工・調理ではない集団厨房（セントラル・キッチン）や、一括購入・物流を活用したシステマティックな多店舗事業体、ファストフード、コーヒーショップ・レストラン（ファミレスとほぼ同様）、給食事業者などは、大きくは第二次世界大戦後から拡大した。例えば、世界最大級のホテル・チェーンの一つであるマリオットは、元は給食中心の企業で

第Ⅵ章 ▶ 農産物の流通イノベーション

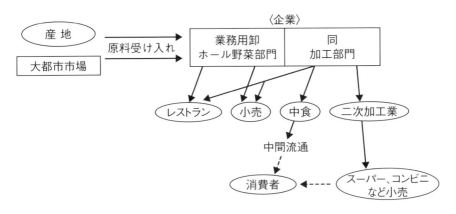

図Ⅵ-3　農産物流通・加工企業における流れ

あったが、一般給食から航空機内食に活路を見出して急成長し、その後、ホテル業界への進出を図った。1970年代から存在する日本でも有名なマクドナルド、ケンタッキー・フライドチキンなどもアメリカ方式の外食企業である。

　ただ、アメリカの企業体は「自社完結型」が多いのも事実である。自社の加工工場で自社用の加工を行うのである。しかし日本では、野菜加工業などの事業体は、多くのファミリーレストラン、コンビニベンダーなどを相手としている野菜の流通・加工企業である。これは日本の専売特許とまでは断言できないが、日本に多い（世界的には多くは見られない）外食・中食の発達が鍛えた企業およびシステムといえる。例えば、デリカフーズ・グループは多くの外食・中食企業を相手にカット野菜や一般青果物の供給を行っている。冷蔵設備の付いた車両で当該外食企業の集中厨房センターか個別店舗までの毎日の配送体制を敷いている。青果物ではないがアリアケ・ジャパンは、ソース、スープを中心とした主に外食産業向けの食品企業である。外食の比較的小さな店舗に対する商材の供給から大規模な外食企業向けの同様商材の提供を行っている。コンビニエンスストアのプライベート・ブランドの製造もしている。

　こうした農産物の業務用事業者（流通・加工企業）の鍛錬が、農業の大規模化を後押しし、IoT導入を促進させるだろう。そしてまた、その逆も真なりである。要するに、流通や加工も含めて農業の変革が起こるのである。

145

農産物流通・取引新ビジネスの台頭

　流通や取引の世界でも革新的な企業が多く出現している。こうした企業の台頭が食農全体のシステムを合理化し、ひいては農業の企業化、大規模化を促進させるだろう。

● 新業務流通ビジネス

　日本の食のマーケット、特に飲食店等向けの業務用マーケットは、"旧態依然とした"というのがなかば常識である。しかし、旧来の仕組みを大きく合理化し、革新性を取り入れてコストダウンと利便性向上を同時に達成するような企業が増えてきている。

　鮮魚の世界では、羽田空港内に市場機能をもっているCSN地域創生ネットワーク（東京都大田区）などすでに有名会社も多く、青果の分野でのリンクモア（東京都江東区）がその顕著な例だろう。流通における工程を大幅にカットし、低温での的確な管理・物流を徹底し、受発注も電話、FAX、WEB、後述するインフォマートと多様な顧客ニーズに対応している。顧客の従来の仕入れ分析を行い、価格を含む戦略的な商品提案を行っている。既存の仕組みの欠点を大きく修正したシステムだという。

● 取引新ビジネス

　もはや固有名詞ではなく一般名詞化しつつあるシステム（企業）が、BtoBプラットフォームのインフォマート（東京都港区）だろう。飲食系企業の多くがすでにこれを利用している。WEBプラットフォーム上で売り手の「提案・見積もり、受注、請求書発行」、買い手の「発注・仕入れ、請求受け」を行うシステムで、業務が大きく合理化できるという。

　BtoB、BtoC、通販などの決済を代行する企業もすでに何社か出現している。こうした企業の出現は"産地直送"的な動きを促すもので、農業振興には

第Ⅵ章 ▶ 農産物の流通イノベーション

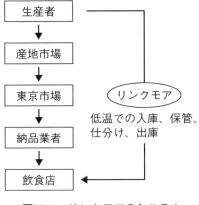

図Ⅵ-4　リンクモアのシステム

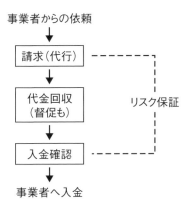

図Ⅵ-5　決済代行の仕組み

少なからず良い影響がある。

◉ 古いシステムの革新化

　ただ一方で、前述のリンクモアもそうであるが、各飲食店の戸口まで毎日車両で配送する、いわゆる「日配」の機能が不可欠である。特に大都市部では、これが必須となっている。日本の大都市部の飲食店となると保管スペースがほとんどないから、こうしたサービスが重要性を増すのである。コンピューター

147

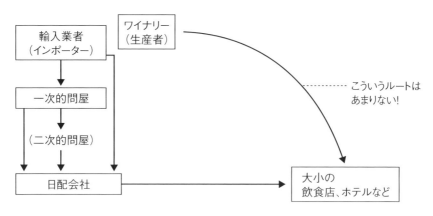

図Ⅵ-6　ワインなどの経路

がどれだけ普及しても、この仕組みはなくなりそうにはない。

　こうした企業の代表例は、全国組織の高瀬物産や東京の都心と南西にエリアを絞って成長しているTATSUMIなどであるが、企業数は多くあり、酒類を含んでいる場合が多い。この酒類の分野はまた独特かつ複雑で、いくつかの問屋機能が関与する場合も多い。例えば、輸入ワインなどは輸入業者（インポーター）が直接飲食店などに販売することはあまりない。これは、保管スペースや日配の利便性も当然大きく関連するが、なかば制度的なことも大きく、また経理的な都合で「取引口座を増やしたくない」といった事情も作用している。ここもまた、古いスタイルが脈々と生きている分野なのである。"義理人情"の要素もこれまた多分に大きい。

　要するに、コンピューティングを含めた革新的なシステムを旧来の仕組みの中に取り入れる、融合させる、そしてそれをブラッシュアップし続ける、といったことが肝要なのである。

地域産品の高コスト体質の問題

　地方創生が叫ばれて久しい。この動きに沿って地方自治体などの指導などによって多くの農産物・海産物加工品が生まれている。地産地消だけではなく、国内、特に大都市圏における新規の需要開拓、並行しての海外マーケットへの進出といった希望、野望に依拠したものだ。

　こうした商品の主に販売促進の名目で、各都道府県、市町村ごとにほとんどバラバラに開発費、販売促進費などがほとんど何らかの公費から支出されて使われている。現在、都内でも様々な場所や形式のマルシェ的な催事が行われているが、自治体関係者など必要人数をはるかに上回る数の方々の出張アテンド風景をよく見かける。海外でもほぼ同様である。収支バランスが合っているのは不明だが、多くのケースは合っていないだろう。そもそも商品自体が高価だから、売れる数は限られるのである。

　こうしたいわゆる地域産品においては、大きく中長期的方針に準じたものではなく、一品、二品と単発的に作られるケースが多い。だから品数が少なく、「シリーズ」にならない。そして、ロゴやシールを製作しただけでの"ブランド化"が多いから、商品として魅力に乏しく、ちぐはぐになってしまう。

　ブランドとは、原料を含むその商品のいろいろな機能の積み上げやその来歴含めたストーリー、そこにデザインが相乗して価値が生まれるものである。PRや販売促進上の工夫や小規模なリファインの繰り返しなども重要である。しかし、そうでない場合が圧倒的多数である。

　こういう商品は、原料自体が高価で生産量もごく少量だったりし、そもそも高価になってしまう。そして、市場調査などをした上での価格決定でない場合が大半だ。「こんな良い原料で、こんな手間をかけ…、だからこの価格」といった、いわば粗野なプライシングの例もよく見る。加えて、先述の通り日本の流通には中間者が多く介在する仕方がない状況が存在するが（特に嗜好品ではそうである）、この中間マージンを計算していないプライシングもままある。

149

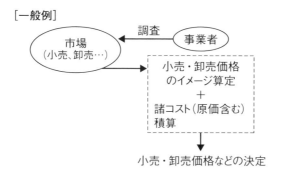

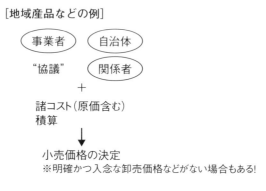

図Ⅵ-7　プライシングのプロセス比較

　ローカルな少量生産手作り品という以外に商品としてイマイチ魅力に乏しい（デザインが良くなく、そもそも美味しくないケースもある）、シリーズとして整っていない、そもそも高価である、また中間者（流通商社など）の取り分がない…。こういう商品が地場でならともかく、どうして大都市で売れるのか。ましてや、輸出となると現地国最終価格が日本の2〜3倍になる。いかに"海外富裕層"といえども買うのかどうか。

　IoT導入を背景として農業の企業化、大規模化が今進んでいるが、これからがチャンスである。6次産業化の一連の流れの中で、こうした地域産品類の意識、コスト構造を含めた改革に着手していかなくてはならない。

食農をめぐる様々なルール

● 衛生や管理の強化

　2020年の東京オリンピックがそれを加速させているが、食農に関して多くのルールか"ルールめいたこと"が押し寄せてきている感じである。近年では、衛生や管理に関するHACCPやISOなどの国際規格などがその代表例であり、ハラルもクローズアップされてきている。HACCPやISOなどは取得にも維持にも多額の資金を要するが、特に一部地域への輸出に関しては不可欠になりつつある。まことに厄介である。

　状況を見ながらであろうが、現時点で喫緊の対応が必要ということではなさそうである。小さな事業者だと、そもそも思考の範囲にも入れられないが、費用対効果の点から鑑みても対応は難しいだろう。ハラルについても同様だが、前者よりもっと費用対"効果"に乏しいとだけ申し述べておきたい。

　ただ、主に生鮮品に関してだが、衛生については以下のケースはある。納品先が厳格な衛生基準をもっていて、製造者がその基準に到達せず、納品不可能となるのだ。これは設備投資をしない限りクリアできない。しかし、投資なのでそう簡単な話ではない。

　6次産業化に際する商品設計や開発において、要は「どこに売りたい（納品したい）のかが非常に重要なのである。お客さん（納品先やその候補者）の衛生基準はいろいろなレベルが存在する。極論すれば、そのレベルに合わせた衛生基準であればいいので、要するに厳格な衛生基準の客先への販売を断念すればいいのである。ターゲットの範囲は狭まるが仕方がないのではない。ただ、今後の動きへの注視はもちろん必要である。

● 表示法の変化

　食品表示に関する表示法も変わってきている。

　まずは、原材料と原産地に関してだが、今まで非常に曖昧だったものが

151

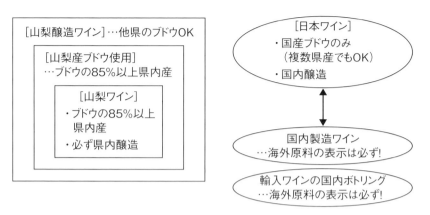

図Ⅵ-8　ワインにおける表示例

　2018年から大きく変わる。ワインを例に見てみると、今まではそれこそ「輸入ワイン、国産ワイン」といった大雑把な表示で済んでいた。産地のラベルへの表示に関しても、きちんとした基準は存在しなかったといっても過言ではない。それが変わるのであるから、大きな影響がある。例えば「山梨ワイン」となると、必ず県内醸造で県内のブドウ使用比率が85％以上になる。日本（国産）ワインについても厳しくなる。

　これに比べると、ややザル法めくのが調味料に関する表示である。よく「化学調味料無添加」などの表示を見かけるが、よりこれに近い「たん白加水分解物」や「酵母エキス」といった類のものは使用していても上記の表示で問題がないようだ。これに関しての大きな変化はあまり見られない。

　いずれにせよ、これに関しては少しずつではあるが、厳しくなっていくきらいがある。こまめな対応が求められるのだが、元来"まともな"商品を生産・製造している事業者にとって、これは追い風であり、健康志向、安全・安心志向の高まりとも相乗効果がある。

索　引

■■■　あ　行　■■■

赤色 LED	62
Akisai	8
Akisai 農場ハウス	34
イチゴ栽培	87
インビトロフラワー	90
液化急速熱分解	101
液化スラリー燃料化	101
エステル化	101
エタノール発酵	101

■■■　か　行　■■■

介在農地	126
乾式メタン発酵	104
完全人工光型植物工場	58
キノコ工場	48
クラウド・ファンディング	139
経営管理 SaaS	29
経営マインド	6
建築基準法	131
高演色白色 LED	68
高温発酵	104
光合成有効光量子束密度	66
甲種農地	122
行動センシング	20
コスモファーム	70
固体識別	35
固体追跡管理	35
混焼	101

■■■　さ　行　■■■

作業実績管理	15
SHIGYO ユニット	73
市場システム	142
施設園芸	32
湿式メタン発酵	104
自動化農機	32
順方向降下電圧	62
食・農クラウド	9
植物工場	58
水素発酵	101
スーパーL資金	136

■■■　た　行　■■■

第一種農地	122
第三種農地	124
第二種農地	124
太陽光利用型植物工場	58
炭化	101
地域循環圏	106
畜産	35
地目認定	127
中温発酵	104
超小型メタン発酵ガス化システム	109
超臨界水ガス化	101
直接燃焼	101
低温流動層ガス化	101
電気伝導度	80
土壌分析・診断システム	31

トレーサビリティ …………………… 35
ドローン ……………………………… 50

な　行

認定農業者 ………………………… 120
農業ナレッジデータベース ……… 18
農業ナレッジマネジメントシステム … 18
農業用施設用地 ………………… 124, 126
農産物流通・加工企業 ………… 144
農地 ……………………………… 118, 126
農地所有適格法人 ……………… 120
農地中間管理機構 ……………… 121
農地法 …………………………… 118
農薬データベース ………………… 15
農用地区域内農地 ……………… 122

は　行

バイオマス ………………………… 94
バイオリファイナリー …………… 98
白色LED …………………………… 68
物理的変換 ………………………… 101
部分酸化ガス化 …………………… 101
フリルレタス ……………………… 82
分娩管理 …………………………… 38
ベビーリーフ ……………………… 84
放牧管理 …………………………… 39
圃場管理 …………………………… 22
圃場ネットワーク ………………… 24
補助・助成 ………………………… 134

ま　行

マテリアル・ハンドリング ……… 48
見える化 ………………………… 12, 20
見回り支援 ………………………… 22
メタン発酵 ………………………… 102

や　行

溶融ガス化 ………………………… 101
4元系赤色LED素子 ……………… 64

ら　行

流通 ……………………………… 142

英　字

ABE発酵 …………………………… 101
CIT ………………………………… 6
EC ………………………………… 80
GAP ……………………………… 29
GPS ……………………………… 50
IoT ………………………………… 6
JGAP ……………………………… 30
LED ……………………………… 62
PDCAサイクル ………………… 6, 18
PPFD ……………………………… 66
S法 ………………………………… 73
SaaS ……………………………… 13
V_F ………………………………… 62

154

［編　者］
（一財）社会開発研究センター

1973年、（財）社会開発総合研究所として発足。2002年、（財）社会開発研究センターに改称。
2009年、植物工場・農商工専門委員会を発足。2013年に一般財団法人に移行。
植物工場・高度化農業、農商工連携、6次産業化に関する技術支援・経営支援、情報発信、企業
連携によるビジネスモデルの構築、およびそれらに付帯するコンサルティング、関連事業を行っ
ている。
〒107-0052　東京都港区赤坂4-8-20　ASO ビル7F
TEL 03-3479-7677　　URL http://sdrc.jp

植物工場・農商工専門委員会事務局長

石原　隆司　（いしはら　たかし）

1989年、立教大学社会学部観光学科卒業。新聞社勤務を経て、2009年から現職に至る。植物工
場・高度化農業畜産をはじめ、食品加工、飲食業の商品・業態・メニュー開発、ホテル等宿泊業
の開発、それらの技術移転(海外含む)、コンサルティングを行う。また、主にこれらをコアとし
た地方創生・地域活性化にも取り組んでいる。
主な著書：「図解　よくわかる農業技術イノベーション」（監修）、「トコトンやさしい植物工場の
本」（共著）（日刊工業新聞社）

理事、植物工場・農商工専門委員会主任研究員

森　康裕　（もり　やすひろ）

2003年、東海大学大学院理学研究科博士課程修了。2003年から2011年まで東海大学理学部非常勤
講師。2011年から2014年まで(株)植物工場開発取締役。
主な著書：「LED植物工場」、「LED植物工場の立ち上げ方・進め方」、「トコトンやさしい植物工
場の本」（共著）（日刊工業新聞社）

IoT・自動化で進む農業技術イノベーション　NDC614

2017年10月26日　初版第1刷発行　　（定価はカバーに
表示してあります）

© 編　者　　（一財）社会開発研究センター
　　発行者　　井水　治博
　　発行所　　日刊工業新聞社
　　　　　　　〒103-8548　東京都中央区日本橋小網町14-1
　　電　話　　書籍編集部　03（5644）7490
　　　　　　　販売・管理部　03（5644）7410
　　FAX　　03（5644）7400
　　振替口座　00190-2-186076
　　URL　　http://pub.nikkan.co.jp/
　　e-mail　　info@media.nikkan.co.jp
　　印刷・製本　新日本印刷

落丁・乱丁本はお取り替えいたします。
2017 Printed in Japan
ISBN 978-4-526-07756-2

本書の無断複写は、著作権法上の例外を除き、禁じられています。